シリーズGIS 第3巻

生活・文化のためのGIS

村山祐司・柴崎亮介 ……編

朝倉書店

編集者

筑波大学大学院生命環境科学研究科	村山 祐司
東京大学空間情報科学研究センター	柴崎 亮介

執筆者（執筆順）

筑波大学大学院生命環境科学研究科	村山 祐司
立命館大学文学部	矢野 桂司
インクリメントP(株)第二企画制作部	野崎 隆志
鹿屋体育大学体育学部	山﨑 利夫
東京大学空間情報科学研究センター	今井 修
横浜国立大学大学院環境情報研究院	佐土原 聡
横浜国立大学大学院環境情報研究院	稲垣 景子
科学警察研究所犯罪行動科学部	原田 豊
兵庫医科大学医学部	谷村 晋
奈良文化財研究所埋蔵文化財センター	金田 明大
帝塚山大学経営情報学部	川口 洋
徳島大学総合科学部	平井 松午
徳島大学総合科学部	田中 耕市
東京大学空間情報科学研究センター	高橋 昭子

シリーズ GIS 刊行に寄せて

　地理情報システム（geographic information systems）は，地理空間情報を取得，保存，統合，管理，分析，伝達して，空間的意思決定を支援するコンピュータベースの技術である．頭文字をとって，一般に GIS と呼ばれている．

　歴史的にみると，GIS は国土計画，都市・交通政策，統計調査，ユーティリティの維持管理などを目的に研究と開発がスタートした．このため，当初は公共公益企業，民間企業の実務や行政業務を担当する専門技術者，あるいは大学の研究者などにその利用は限られていた．1990 年代後半まで，一般の人々にとって GIS は専門的なイメージが強く，実社会になじみのうすいツールであった．

　ところが，21 世紀に入り，状況は一変する．パソコンの普及，ソフトの低価格化，データの流通などが相まって，ビジネスマン，自治体職員，教師，学生などは言うに及ばず，一般家庭でも GIS を使い始めるようになった．GIS は行政や企業の日々の活動に不可欠なツールになり，カーナビゲーション，インターネット地図検索・経路探索，携帯電話による地図情報サービスをはじめ，私たちの日常生活にも深く浸透している．昨今，ユビキタス，モバイル，Web 2.0，リアルタイム，双方向，参加型といった言葉が GIS の枕詞として飛び交っており，だれでも難なく GIS を使いこなせる時代に入りつつある．

　2007 年 5 月，第 166 回通常国会において，「地理空間情報活用推進基本法」が参議院を通過し公布された．この基本法には，衛星測位によって正確な位置情報をだれもが安定的に取得できる環境を構築すること，基盤地図の整備と共有化によって行政運営の効率化や高度化をはかること，新産業・新サービスを創出し地域の活性化をはかること，地域防災力や弱者保護力を高め国民生活の利便性を向上させることなどが基本理念として盛り込まれている．この国会では，統計法や測量法も改正され，今後の GIS 関連施策に対する人々の期待は日増しに高まっている．位置や場所をキーに必要な情報を容易に検索・統合・発信・利用できる

地理空間情報高度活用社会が実現するのも，そう遠い話ではなさそうだ．

地域社会では，GIS を活用した新サービスの台頭が予想され，特に行政やビジネス分野で GIS 技術者の新たな雇用が発生するであろう．これに伴って，実務家教育や技術資格制度を拡充する必要性が各方面から指摘されている．また，日常的に GIS が活用できる人とできない人との間で"GIS デバイド"が生じないように，地域に密着した GIS 教育や啓蒙活動を効果的に実施していくことも欠かせない．

一方，学術世界においては，1990 年代に「地理情報科学」と呼ばれる学問分野が興隆し，学際的なディシプリンとして存在感を増している．大学では，この分野に関心をもつ学生が増え，カリキュラムや関連科目が充実してきている．GIS を駆使して卒業論文を作成する学生も珍しくなくなった．

このような状況下で，GIS の理論・技術と実践，応用を体系的に論じた専門書が求められており，本シリーズはそのニーズにこたえるため編まれたものである．すでに現場に携わっている実務家や研究者，あるいはこれから GIS を志す学生や社会人に向けた"使えるテキスト"を目指し，各巻とも各分野の第一線で活躍されている方々に健筆をふるっていただいた．

本シリーズは全5巻からなる．第1，2巻は基礎編，第3～5巻は応用編である．GIS の発展にとって，基礎（理論と技術）と応用（アプリケーション）は相互補完的な関係にある．基礎の深化がアプリケーションの実用性を向上させ，応用の幅を広げる．一方，アプリケーションからのフィードバックは，新たな理論と技術を生み出す糧となり，基礎研究をいっそう進展させる．基礎と応用は，いわば車の両輪といっても過言ではない．

第1巻は「GIS の理論」について解説する．GIS は単なるツールや手段ではない．本巻では，地理空間情報を処理する汎用的な方法を探求する学問として GIS を位置づけ，その理論的な発展について論じる．ツールからサイエンスへのパラダイムシフトを踏まえつつ，GIS の概念と原理，分析機能，モデル化，実証分析の手法，方法論的枠組みなどを概説する．

第2巻は「GIS の技術」について解説する．測量，リモートセンシング，衛星測位，センサネットワークをはじめ，地理空間データを取得する手法と計測方法，地理空間情報の伝達技術，ユビキタス GIS や空間 IT など GIS に関わる工学的手法，GIS の計画・設計，導入と運用，空間データの相互運用性と地理情報標

準，国土空間データ基盤，GIS の技術を支える学問的背景などについて，実例を交えながら概説する．

第 3～5 巻では，各分野における GIS の活用例を具体的に紹介しながら，GIS の役割と意義を論じる．

第 3 巻「生活・文化のための GIS」では，医療・保健・健康，犯罪・安全・安心，ハザードマップ・災害・防災，ナビゲーション，市民参加型 GIS，コミュニケーション，考古・文化財，歴史・地理，古地図，スポーツ，エンターテインメント，教育などを取り上げる．

第 4 巻「ビジネス・行政のための GIS」では，物流システム，農業・林業，漁業，施設管理・ライフライン，エリアマーケティング（出店計画，商圏分析など），位置情報サービス（LBS），不動産ビジネス，都市・地域計画，福祉サービス，統計調査，公共政策，費用対効果分析，費用便益分析などを取り上げる．

第 5 巻「社会基盤・環境のための GIS」では，都市，交通，建築・都市景観，土地利用，人口動態，森林，生態，海洋，水資源，景観，地球環境などを取り上げ，GIS がどのように活用されているかを紹介する．

本シリーズを通じて，日本における GIS の発展に少しでも役立つならば，編者としてこれにまさる喜びはない．最後になったが，本シリーズを刊行するにあたり，私たちの意図と熱意をくみ取り，適切なアドバイスと煩わしい編集作業をしていただいた朝倉書店編集部に心から感謝申し上げる．

村山祐司・柴崎亮介

Google Earth は米国 Google 社の，Microsoft Virtual Earth は米国 Microsoft 社の米国および世界各地における商標または登録商標です．その他，本文中に現れる社名・製品名はそれぞれの会社の商標または登録商標です．本文中には TM マークなどは明記していません．

目　　次

1. 概　　論 ————————————————————————［村山祐司］ 1
   1.1　社会に浸透する GIS　1
   1.2　印刷革命・情報革命・GIS 革命　1
   1.3　GIS が地図の概念を変える？　2
   1.4　ウェブマッピングサービスの興隆　3
   1.5　生活・文化を支援する GIS 関連技術　7
   1.6　GIS で使われるデジタルデータ　11
   1.7　理解をさらに深めるために　15

2. エンタテインメントと GIS ———————————————［矢野桂司］ 18
   2.1　インターネット上のデジタル地図　19
   2.2　3 次元デジタル地図のエンタテインメント　26

3. ナビゲーションと GIS —————————————————［野崎隆志］ 35
   3.1　カーナビゲーションシステムの基本機能　35
   3.2　カーナビゲーションの発展　43
   3.3　2 D と 3 D　45
   3.4　ポータブルカーナビ（パーソナルカーナビ），ケータイナビ　45
   3.5　ナビゲーションは目立つべきか　46
   3.6　静的コンテンツから動的コンテンツへ　47

4. スポーツと GIS —————————————————————［山﨑利夫］ 49
   4.1　スイミングスクールの商圏・バスルート　50
   4.2　フィットネスクラブの参加率の距離減衰効果　57

4.3 スポーツクラブ会員の時空間行動　62

5. 市民参加型 GIS，コミュニケーションと GIS ─────［今井　修］67
　5.1 わが国の市民参加型 GIS のきっかけ　67
　5.2 市民参加型 GIS の歴史　69
　5.3 市民参加型活動の置かれている現状　71
　5.4 コミュニケーションツールの発展　73
　5.5 市民参加型 GIS のモデル化　75
　5.6 地域を捉える視点　77
　5.7 市民参加型 GIS の課題　78
　5.8 市民参加型 GIS の今後　79

6. ハザードマップ・災害・防災と GIS ────［佐土原　聡・稲垣景子］82
　6.1 災害対策と GIS　82
　6.2 ハザードマップ　86
　6.3 GIS を活用した防災情報システム　91
　6.4 今後の展開　95

7. 犯罪・安全・安心と GIS ──────────────［原田　豊］97
　7.1 犯罪研究と地図：歴史的沿革　97
　7.2 GIS の用途と意義　100
　7.3 犯罪データの特徴と要留意点　104
　7.4 わが国における地理的犯罪分析　110
　7.5 地理的犯罪分析の今後　113

8. 医療・保健・健康と GIS ──────────────［谷村　晋］117
　8.1 保健医療分野における GIS の応用　117
　8.2 情報収集から政策立案まで　118
　8.3 保健医療の地理情報データ　119
　8.4 疾病地図　122
　8.5 疾病の地域集積性　129

8.6　地理的相関分析　　131
　　　8.7　保健医療計画　　132

9．考古・文化財とGIS ──────────────────［金田明大］137
　　　9.1　過去の空間―歴史空間とGIS　　137
　　　9.2　考古学における実際の利用　　140
　　　9.3　文化財への実際の利用　　147
　　　9.4　GISの応用についての問題点　　150

10．歴史・地理とGIS ──────────────────［川口　洋］155
　　　10.1　国際会議などにおける動向　　155
　　　10.2　GIS活用に向けての課題　　157
　　　10.3　GISアーキテクチャの動向　　159
　　　10.4　歴史地理学におけるGIS活用への期待　　160
　　　10.5　GISを活用した事例研究　　161
　　　10.6　黎明期から離脱するために　　168

11．古地図とGIS ──────────────［平井松午・田中耕市］171
　　　11.1　GISを用いた古地図分析　　171
　　　11.2　古地図を活用したGIS分析　　171
　　　11.3　古地図を活用した歴史的景観の分析法　　178
　　　11.4　今後の課題　　183

12．教育とGIS ────────────────────［高橋昭子］185
　　　12.1　GISを使った教育の事例　　186
　　　12.2　GISについての教育　　194
　　　12.3　GISについての教育を支える活動や研究　　198

索　　引 ─────────────────────────── 202

1 概　論

1.1　社会に浸透する GIS

　GIS の利用はビジネスや行政業務にとどまらない．今や GIS は地域社会にも浸透し，住民の生活利便性の向上に大きな役割を果たしている．ジョギングのルートを選定して健康増進に役立てたり，ハザードマップを作成して地域住民の防災・減災意識を高めたり，災害時には避難路をマンナビゲーションにより誘導したりするなど，私たちの空間的意思決定をサポートするツールとして，GIS には大きな期待が寄せられている．文化，スポーツ，さらには観光や余暇活動へと GIS の活用は広がっている．GIS は日進月歩の勢いで発展を遂げており，誰でも難なく GIS を使いこなせる時代に入りつつある．

　以上の状況を踏まえ，本章では，GIS が住民の生活をいかに支援し，地域社会や教養・教育・文化活動などにどのように貢献するのか，探ってみよう．

1.2　印刷革命・情報革命・GIS 革命

　頭の中の地図をメンタルマップと呼ぶが，私たちは日常生活において絶えず地理的な知識を吸収しながら自分のメンタルマップを磨いている．

　地図の歴史は古い．紀元前 2000 年頃にはすでに，人々は地図を使いこなしていたことが記録に残されている．粘土板やパピルスに地図を描き，泉の場所や山越えのルート，集落の立地など，生活に必要な情報を書き込んでいたという．しかし，古代人の地理的な知識はごく身近な狭い地域に限られていた．

　人々の空間認識が飛躍的に拡大するのは 15 世紀後半を過ぎてからである．周

知のように，15世紀中葉にグーテンベルクによって活版印刷機が発明され，これによって紙の大量複製が可能になった．人々は紙を媒体に知識を共有し合うようになり，さらに交易の拡大は地理情報の流通に拍車をかけた．世界経済の核心地域であったヨーロッパには，世界各地から貴重な地理情報がもたらされ，内容が豊富で正確な世界地図が作られていった．アトラス（地図帳）も相次いで出版されていく．

この印刷革命から500年余．1970年代に起こった情報革命（IT革命）は紙を電子に変え，デジタルマップと呼ばれる電子の地図を誕生させた．情報革命はコンピュータのディスプレイ上で地図の加工を可能にし，ITを駆使した新たな地図の利用方法を導いた．その後の技術の進展はめざましく，デジタルマップは瞬く間に紙地図にとって代わった．

デジタルマップは，紙地図と比べて次のようなメリットを有している[1]．① 紙地図のように劣化しないし，汚れない．② 継ぎ目がなく，広範囲をシームレスに表示できる．③ 地図の拡大・縮小が自在であり，縮尺（スケール）を可変的に調整できる．④ 地物や地図要素の表示・非表示を瞬時に切り替えられる．⑤ 表示内容の修正や更新作業に手間がかからず，絶えず最新の状況を把握できる．

この情報革命を経て，私たちは今，第3の革命ともいうべき，GIS革命の真っ只中にいる．位置をキーに地図，衛星画像，統計，数値情報などを一元化し，系統的に検索・統合できる環境が構築されつつある．ウェブを通じて地図情報のやり取りもスピーディに行える．操作が難解であり，専門家しか使えないというGISに対するイメージは過去のものとなった．

新しいタイプの地図も次々に誕生している．変形地図（カルトグラム），鳥瞰図（3次元図），音の出る地図，動く地図（動画・アニメーション），触地図など，枚挙に暇がない．地図は与えられるものではなく，利用者が目的に応じて自ら作り出すものに変わった．GIS革命の到来である．

1.3　GISが地図の概念を変える？

地図は，地球表面で生起する諸事象を一定のルールに基づき平面上に縮約したものである．丸い地球を紙（平面）に描くには工夫が必要である．これまでさまざまな投影法が考案されてきた．ところがGISの発展によって，ディスプレイ

に地球を球体として容易に擬似化できるようになった．さらに，ズームイン・ズームアウト機能を用いて身近な地域から地球全体まで地表面はスケーラブルに表現可能である．Google Earth や Microsoft Virtual Earth などは，地図というより電子の地球儀といったほうが適切かもしれない．やがて，地形，気候，水文，人口，行政界，さらには公共施設やレストランにいたるまで，さまざまな地理情報が電子地球儀に貼り付けられ，属性データがいっぱい詰まった仮想地球が構築されていくことになるだろう．

　地図とは何か．人類は紀元前から地図に慣れ親しんできたが，GIS 革命は地図の再定義を私たちに迫っている．GIS の世界では，精巧な地図を作るということは，リアルワールド（実世界）にできる限り近づけた仮想的実態をサイバースペースに再現する試みなのである[2]．空間認知や空間把握の仕方などもこれまでとは違う発想や方法が模索されている．

1.4　ウェブマッピングサービスの興隆

1.4.1　地図配信

　デジタルマップは，今や生活の必需品となり，老若男女を問わず日常的に使われている．地図配信ビジネスは興隆を極め，多くの企業がこの業界に参入している．goo 地図（NTT レゾナント(株)），Google マップ（グーグル(株)），Live Search 地図検索（マイクロソフト(株)），マピオン（サイバーマップ・ジャパン(株)），MapFan Web（インクリメント・ピー(株)），ちず丸（日本コンピュータグラフィック(株)），Yahoo! 地図情報（ヤフー(株)）など，挙げればきりがない．目的地，経路・所要時間，現在地，さらには駅名，店舗・施設，電話番号，郵便番号，路線図，キーワードなど，多角的に検索が可能になっている．コンテンツは，住宅，不動産，宿泊，引越，天気，観光地，交通，ショッピング，グルメ，駐車場など，広範なジャンルに及んでいる．

　経路・所要時間の探索では，出発地点から目的地点までの経路・距離・時間を瞬時に算出してくれる（以前は，出発駅から到着駅までの駅間サーチにとどまっていた）．例えば，Google マップ（トランジット）では，出発地から最寄駅までの徒歩移動時間，最寄駅から到着駅までの所要時間，そして到着駅から最終目的地までの徒歩移動時間が合算され，最短経路の全行程が地図に示される．GPS

付きの携帯電話では，歩行者向けにナビゲーション機能を搭載する機種が登場した．出発地から目的地まで最短経路に沿ってリアルタイムで誘導してくれる．

マッピングサービスに使われる背景地図は，大縮尺化・高精細化が進んでいる．今や住宅や施設の形状まで判別できる．航空写真と地図とのオーバーレイ・透過表示が可能なサイトも増えている．地図は鮮度が大切である．つねに最新の状況が把握できるよう，毎日地図が更新されるサイトもめずらしくない．

1.4.2 付加サービス

ウェブマッピングサービスは飛躍的成長を遂げており，業界は競争が激しい．目的地周辺の状況をリアルタイムで映し出すシステムを稼動させるなど，プロバイダは機能の向上と高度化を競っている．たとえば Google Maps（米国版）では，交差点周辺の風景が楽しめるし，goo 地図では 360°のパノラマで駅の出入り口付近の景観を閲覧できる．利用者のニーズに応じて，移動経路に動画をリンクさせるサービスもみられる．ALPSLAB video（http://video.alpslab.jp/）は，鉄道の車窓風景や車載カメラによる道路映像をルートに沿って再現する．「ウォークスルービデオ」(http://map.labs.goo.ne.jp/walkthrough/walkthrough.php）は，前後左右の映像を同時に再生し，臨場感ある走行体験を映し出す．実写の走行映像を地図あるいは航空写真と組み合わせて表示するシステムなどは昨今人気を博している．

1.4.3 業務目的から顧客向けへ

歴史的にみると，地図配信システムの多くは企業内業務の円滑化や行政支援を目的に開発が進められた．しかし前述したように，近年では，顧客向けあるいは一般大衆の利用を見込んだサービスが増えつつあり，地図配信の新たなビジネスチャンスが広がっている．タクシー乗車の一般向けサービスなどはその典型的な事例である．これは，もともとタクシー会社が配車の効率化を意図して導入した業務用システムを改良したサービスである．乗車希望者は，携帯端末を通してタクシーの現在位置を示したデジタルマップにアクセスする．そして近くにいる空車タクシーを探し出し，携帯電話を通じて乗車の希望を伝える．この種のサービスは，タクシーに限らず送迎自動車や路線バスなどの公共交通機関にも効果を発揮する．利用者がバス位置を携帯端末で確認する，あるいは必要なときにバスを

呼び出すといった「オンデマンドバス」の実証実験が各地で始まっている．

1.4.4　参加型 GIS の普及

ウェブマッピングは趣味や娯楽の世界にも波及している．例えば，Google Earth では，高解像度の衛星画像を閲覧しながら，バーチャルな世界旅行を楽しめる．世界各地の名所旧跡や世界遺産，自然景観などを自在に検索できるし，KML を使えば，商店・レストラン・公共施設などを画像に載せて不特定多数に発信することもたやすい．Google Earth には空間解析機能が付随しているので，特別な知識なしで距離の測定や地形の 3 次元表示もできる．

地図配信技術の発展を背景に，一般市民が提供した地理空間情報を可視化してホームページに公開する住民参加型のウェブマッピングサービスが普及の兆しをみせている．個人が有する生の情報が累積され集合知となって，ウェブを通じて参加者に還元されていくしくみである．「みんなで作ろう Yahoo! 地図情報」(http://waiwai.map.yahoo.co.jp/guide/rtmtop.html) はその先駆けのサイトとしてよく知られている．若者を中心に支持を集め，身近な地域の旬の情報源として活用されている．とくに，周辺に立地する商業施設の情報，すなわち開店・閉店，リニューアル，評判，サービス内容，価格などについては住民の関心も高く，投稿も頻繁に行われている．

1.4.5　GIS の使われ方

GIS のソフトウェア仕様，データフォーマット，分析手法などは世界的に共通する部分が多い．しかし，生活や文化については，国や地域によって GIS の使われ方はさまざまである．歴史や地理的特性，文化的背景，おかれた社会状況が互いに異なるためであり，ヨーロッパにはヨーロッパの，アジアにはアジアの GIS 利用法があるといっても過言ではない．

例えば住居の表示方式．米国では基本的に道路に沿って番地を付与する道路（ストリート）方式が採用されている．一方，日本では圏域で階層区分する街区方式が用いられてきた．このため，日本においてアドレスマッチングを行う際に，米国で用いられているジオコーディング手法をそのまま適用してもうまくいかない．隣の韓国では，これまで街区方式を採ってきたが，GIS との親和性を高めるべく 2000 年には大統領令を発令し，今では米国に準じた道路（ストリート）

方式の普及に力を入れている．

　基盤地図の整備の仕方にも国柄がみられる．日本では，大縮尺の基盤地図，特に地籍図の整備（500分の1レベル）は遅々として進まない．これは技術的な理由ではない．土地所有者間で合意が得られず，境界を確定できないからである．一般に，土地の四隅の杭を打つには，隣接する4人の地権者の合意が必要である．日本では，1951年以降「国土調査法」に基づき地籍調査を実施してきたが，現在なお全国レベルで完了したのは47%に過ぎない．京都は6%，大阪に至ってはわずか2%である．これに対し中国では，地籍図の整備は驚異的なペースで進んでいる．土地の所有権は国家に帰属するので，敷地境界の画定はスムーズで障害は少ないのである．

　日本はカーナビゲーション大国といわれるが，その根底には日本社会の事情がある．欧米の道路は，一般に碁盤の目のように整然としている．これに対し日本の道路は一般に狭く，曲がりくねっている．都市部では一方通行が多いし，交通混雑も慢性化している．このような日本の特殊な交通事情が皮肉にも先進技術を生かした，世界に名だたるカーナビゲーション文化を開花させたのである．モバイルGISに関しても日本は世界の最先端を走っており，とくに携帯電話を活用したモバイルGISには欧米から熱い視線が注がれている．

　以上からも明らかなように，日本において生活や文化面でGISが重用されていくには，欧米の技術や仕組みをそのまま踏襲したり，あるいは模倣したりするのではなく，地域の実情に合った，使い勝手のよいGISを構築していくことが必要である．GIS用のデータに関しても，日本の地域特性に合致した整備を体系的に推進していくことが肝要である．

1.4.6　GISが創る新しい地域社会

　20世紀を集中の時代とすれば，21世紀は分散の時代といえよう．テレワークやサテライトオフィスを中心とした雇用形態の深化は，就業地と居住地の距離を縮め，就業者の職住近接を加速させていくに違いない．これにともなって，都心に集中した商業・事務機能は郊外の核へと分散し，単極的都市構造から多極的都市構造へ移行していくとみられる．社会組織は垂直（ピラミッド）型から水平（ネットワーク）型へ変化するだろう．情報の伝達はトップダウンからボトムアップになり，タイムラグもなくなるだろう．

これからの社会は，コミュニティや家族，あるいは個人が自らの意思にもとづいて能動的に選択・行動する，生活者中心の時代になると予想される．生活のしやすさや快適な居住環境などを最優先に考える，住民（生活者）が主役の地域社会が醸成されていく．このパラダイム転換の中で地域社会は高度に情報化されていくが，GISにはその牽引役としての役割が期待されている．防犯，緊急通報，徘徊老人の把握，ルート案内など，GISの有用性は計り知れない．GISの発展は市民社会に革新的な質の転換をもたらすに違いない．

　このような状況下において，肝心なのは，地域住民一人一人が「GIS力」，すなわち適切な空間的意思決定を可能にする能力を身に付けることである．私たちは頭の中にある地図を手がかりに空間的行動を起こす．この地図を地理空間情報がいっぱい詰まった豊かなメンタルマップにして，より的確な行動をとれるようにしなければならない．

　街づくり・地域づくにもGISは有用である．GISは，地理空間データの取得・管理・可視化・分析をシームレスに行い，地域の実情を空間的，時間的に把握することを助ける．これら一連のプロセスを地域社会に関係するすべての人が共有し，コンセンサスを得ながら，みんなが納得した地域づくりを推進していけるところに，GIS活用の大きな意義がある．GISは，的確な計画の策定，政策の立案を支援する強力な武器なのである．

1.5　生活・文化を支援するGIS関連技術

1.5.1　GPS（global positioning system）

　GPS（汎地球測位システム）は，高度2万kmの軌道を回る衛星が発射する電波を地上で受信して位置を測位する技術である．もとを正せば米国が軍事目的で開発したものであるが，今では船舶や航空機の航行支援，カーナビゲーションなどにとどまらず，災害時における援護，障害者移動支援，生徒の登校・下校状況の把握をはじめ，多岐にわたって利用されている．

　GPS衛星からは，L1波とL2波という2種類の電波信号が発射されている．L1波にはC/Aコード，L2波にはPコードと呼ばれる信号が乗っている．C/Aコードによる測位誤差は10m程度である．カーナビゲーションやマンナビゲーションなどに使われている．一方，Pコードは精度が高く，測位誤差は1m程度

に過ぎない．このため，測量や地殻変動の測定といった専門分野で活用されている．

最近注目を集める DGPS（differential GPS）は，地上局での GPS 測位に基づき FM・中波・ビーコンを通して位置を補正する方法である．測位誤差は数 m といわれている．また近年，GPS 携帯電話が普及しつつあるが，この誤差も数 m で高精度を誇っている．これはネットワーク経由で補正情報を取得しているためである[3]．このほかに，高精細 DGPS，干渉測位による RTK-GPS（real time kinematic GPS），電子基準点に利用されるスタティック GPS（static GPS）などが次世代 ITS として発展の可能性を秘めているが，今のところ一般市民にとってここまで高精度の位置情報の取得は必要ないだろう．

最後に，準天頂衛星と呼ばれる日本独自の GPS 衛星システムの開発が進められていることを指摘しておきたい．つねに日本上空に位置するよう衛星を制御し，安定した高精細測位をめざすプロジェクトであり，2009 年に最初の衛星の打ち上げが予定されている．既存の GPS 衛星測位を補完することによって，移動中でも安定した位置情報の取得が期待される．

1.5.2　WPS（Wi-Fi positioning system）

電波が届かない場所，例えばビルの谷間，屋内や地下街，地下鉄駅構内などでは，GPS は使えない．このような場所で位置情報の取得に効果を発揮するのが，無線 LAN（Wi-Fi 電波）である．これは WPS 方式と呼ばれる位置情報取得方法で，アクセスポイントが発するビーコンを受信して，信号に含まれる固有値や電波強度を解析し現在位置を推定する．この方式を使うと，高層ビルの何階にいるかといった情報も得られる．

米国では，位置情報探索システムとして Loki（http://loki.com/）や Placer（http://beta.plazes.com/tools）などがよく知られているが，日本でも WPS 方式を取り込んだソフトウェアが実用化段階を迎えている．例えばソニーコンピュータサイエンス研究所（株）が開発した PlaceEngine（http://www.placeengine.com/）．アクセスポイント ID（MAC アドレス）と RSSI（received signal strength indicator）により位置を特定する．PlaceEngine を搭載したマッピングサービスも登場している．「プロアトラストラベルガイド」（http://maplus-navi.jp/products/travelguide/）や「みんなの地図」（http://www.zenrin.co.jp/product/

minchizu3.html）などは，東京や大阪などの大都市で利用が広がっている．ALPSLAB route（http://route.alpslab.jp/）では，街歩きや散歩などの日常生活における移動履歴を記録し，それらを直ちにウェブで公開できる．ユーザが新たに位置を登録することで，利用可能なエリアが増えていくしくみになっている．このようなソーシャルネットワーク的な使い方は，今後ますます増えていくであろう．

　位置情報の取得には，GPS や WPS のほかに，超音波を使う方式（発信した超音波が複数の受信機に達する時間的なずれから位置を推定），アクティブ RFID を用いる方式（タグから発信された電波を，受信範囲を限定した固定受信機で受信することによりエリアを推定）などがある．測位精度の向上をめざして技術開発が精力的に進められている[3]．

1.5.3　モバイル GIS

　21 世紀に入り，携帯情報端末機器（PDA）や携帯電話を活用して現在位置を確認したり，目的地までの経路を探索したり，施設の立地場所を把握することができるようになってきた．必要なときにどこでもリアルタイムで地図情報やコンテンツを更新し，即座に意思決定することも難しいことではない．モバイル GIS はアウトドアスポーツや山登りなどにも活用され，PDA を使って，トラッキング，位置軌跡，距離や走行速度の計測などが行われている．モバイル GIS は紙地図が整備されていない地域，特に発展途上国におけるフィールドワークなどにも重宝である．

　モバイル GIS の高度活用をめざして，大学では研究が精力的に進められている．京都大学の林春男教授を中心とするグループは，災害調査に威力を発揮するモバイル GIS（POS システム）を完成させ，公開している[4]．GIS ソフトウェアを組み込んだ PDA と GPS を組み合わせて，調査現場でデジタルデータの収集と整理，解析を行う．筆者が所属する筑波大学空間情報分野では，野外でデータを取得し，直ちに解析する「フィールドワーク GIS ステーション」を公開している（http://giswin.geo.tsukuba.ac.jp/teacher/murayama/fieldgis_station/）．GIS エンジンにはオープンソースの OpenJUNP を用いている．金沢大学の伊藤悟教授を中心とするグループは，携帯電話を活用した野外調査用モバイル GIS の開発に取り組んでいる[5]．Java ベースで開発した GIS アプリケーションが稼動し，地図

表示とデータ入力の機能を有する．学校教育，特に中学・高校の野外学習に活用が期待される．

1.5.4 WebGIS

1.4 節で紹介したウェブマッピングは WebGIS 技術に支えられている．ネットワークを介してインタラクティブに地図情報のやり取りを可能にするこの技術は，インターネット GIS ともいわれ，OS を問わず動作する Java 言語の普及とともに 1990 年代の後半から広まった．ソフトウェアやデータはサーバ側でアップデートでき，利用者側で設定する必要はない．

一般に，WebGIS は，① 処理をサーバ側中心で行う方式，② 処理を利用者側中心で行う方式，の 2 つに分けられる．前者は高度な空間解析を可能にするが，処理速度に難点がある．利用者側から指示を出して，その都度データや分析結果をやり取りしなければならないため，通信速度によってはストレスを感じることがある．後者では，プログラムやデータはサーバ側におかれるが，それらを一括してダウンロードすることによって実際の処理は利用者側が担当する．このため，前者より敏速かつ機動的に処理を行えるメリットがある[*1]．

WebGIS の特長として，連携・共同作業に威力を発揮することを強調しておきたい．学校教育において注目される GLOBE (global learning and observations to benefit the environment) は，その成功例としてよく知られている (http://www.fsifee.u-gakugei.ac.jp/globe/)．GLOBE は世界の児童・生徒，教師，科学者らが関わる参加型 GIS プロジェクトである．各学校は，周辺地域における自然環境の調査（雲量，降水量，降雪量，降水の pH，最高・最低・現在気温，水温，透明度，生物，土壌，土地被覆など）を行う．そして，取得したデータを米国に設置されている GLOBE データ処理センターへ送る．データは直ちに集計されて，ウェブを通じて誰でもみられる世界地図に反映される．このプロジェクトは環境

[*1] 筑波大学空間情報科学研究室では，生活，文化，歴史，教育等に関する WebGIS を公開している (http://giswin.geo.tsukuba.ac.jp/sis/jp/webgis.html)．このなかで，「行政区画変遷 WebGIS」は，明治中期以降の市町村界の変遷を描画する．任意の年次の行政区画を表示するほか，当該年次の市町村名や現在の町丁字界との重ね合わせを行う．さらに，明治中期から現在まで年次ごとに市町村界の変遷をアニメーション表示する．「人口移動 WebGIS」は人口移動パターンをマッピングする．プルダウンメニューから年月，性別，発地/着地/双方向などの必要項目を選択し，フローを描画する．「環境教育用 WebGIS」は，地形，気候，森林・公園，土地利用などの環境関連のデジタルデータの地図化や空間解析を行う WebGIS である．

教育の生きた教材として，世界にその輪が広がっている．

昨今，各府省・関係各機関，市区町村，NPO法人，民間企業による一般市民向けサイトの開設が相次いでいるが，ここにもWebGISが多用されている．情報の伝達と共有の手段としてWebGISが地域社会に根付きつつある証左である(http://www.gis.go.jp/contents/about/internet/)．

1.6 GISで使われるデジタルデータ

GIS用デジタルデータの所在情報を得るには，まず国土交通省の国土計画局が開設している「GISホームページ」(http://www.mlit.go.jp/kokudokeikaku/gis/)や国土地理院の「GISのページ」(http://www.gsi.go.jp/GIS/)などにアクセスするとよい．測位・地理情報システム等推進会議が運営する「GISポータルサイト」(http://www.gis.go.jp/contents/service/data/)では，各府省，地方公共団体，研究機関などが整備しているデータを網羅的に検索できる．GISベンダーによるワンストップポータルサイトもいくつか立ち上がっている．ESRIジャパン(株)が運営するGeography Network Japanでは，全国の公共機関，教育機関，民間企業に分散する空間データを登録，検索，利用できる(http://www.geographynetwork.ne.jp/main/index.jsp)．

1.6.1 デジタルマップ

国土地理院は，全国をカバーする各種のデジタルマップを作成している．なかでも「数値地図2500（空間データ基盤）」や「数値地図25000（空間データ基盤）」はGISと親和性が高く，研究に行政にビジネスに広く利用されている．前者は，1/2,500，後者は1/25,000相当のベクタ形式のデータである．標高データ(DEM)に関しては，地形図(1/25,000)の等高線計測によって作成され，現在50mメッシュと250mメッシュが提供されている．最近，航空レーザスキャナ測量により計測した5mメッシュの標高データも作成されるようになったが，今のところ販売は主要な都市圏や河川流域にとどまっている．土地利用については，10mメッシュ単位の「細密数値情報」が公開されている．3大都市圏（首都圏，近畿圏，中部圏）の土地利用が1974年から1994年まで5年間隔で把握できる．データはラスタ形式で収録されている．2000年の土地利用については，

ベクタ形式の土地利用区域数値データ（地理情報標準に準拠）として公表され，「数値地図」(5000) と名称が変更になっている．土地利用は 15 タイプに分類されている．

国土地理院が提供するデジタルマップ（数値地図）を表示・分析するには，GIS のソフトウェアが必要になる．この情報については，（財）日本地図センターの「数値地図対応ソフト一覧」(http://www.jmc.or.jp/soft/list/allsoft.html) を参照されたい．ソフト名，会社名，対応地図データなどが記されている．

国土に関するさまざまな地理空間情報をメッシュ単位で数値化したデータには，「国土数値情報」（国土交通省国土計画局提供）がある．土地利用は 100 m・1 km メッシュで収録されている．地形・標高・降水量・気温などの自然環境，さらに小売・工業などの社会経済的属性は 1 km メッシュで構成されている．データは無償でダウンロードできる (http://nlftp.mlit.go.jp/ksj/)．なお，国土数値情報は WebGIS 化され，「国土情報ウェブマッピングシステム」(http://nlftp.mlit.go.jp/WebGIS/) としても公開されている．

1.6.2　画像データ

LANDSAT，SPOT，IKONOS，QuikBird，ALOS をはじめ衛星による画像データは，ここ数年低価格化が進み，個人レベルでも入手しやすくなっている．（財）リモートセンシング技術センター（RESTEC）が開設している「データ提供案内」(http://www.restec.or.jp/data/index_data.html) は，各種衛星画像の詳細情報が得られるだけでなく，画像検索さらにオンライン注文もでき，重宝なサイトである．

BASEIMAGE は SPOT 5 衛星によるイメージを加工した画像である．日本全国をカバーし，地図精度は 25,000 分の 1 に相当する（分解能は約 2.5 m）．定期的に更新され，最新の状況が第 2 次メッシュ単位で提供されている．LANDSAT 衛星によるイメージを加工した「GIS ラスター 200,000 & 25,000」は，1970 年代以降のデータが時系列的に得られるという点で利用メリットは大きい（分解能は約 15 m）．陸域観測技術衛星である ALOS（だいち）による画像データも，他と比べて安価なため利用者が増えている．

衛星画像の高精細化は加速している．2009 年に米国で打ち上げる光学画像衛星（GeoEye-1）は，最先端の光学センサの搭載により，41 cm の解像度を実現

する予定という．41 cm のパンクロマティック画像（白黒）と 165 cm 解像度のマルチスペクトル画像（カラー）を合成処理して，41 cm のパンシャープン画像（カラー画像）を作成可能になるだろう（http://www.spaceimaging.co.jp/）．

近年，空中写真も入手しやすくなっている．国土交通省国土計画局が構築した「オルソ化空中写真ダウンロードシステム」では，オルソ化した国土全域のカラー空中写真（約1万分の1の縮尺）を無償でダウンロードできる．また，同局が運用する「航空写真画像情報所在検索・案内システム」では，国や自治体などの各機関・組織が保有している空中写真を統合的に検索できる．該当する空中写真がウェブで公開されている場合は，そのサイトへダイレクトにアクセスできる．

「国土変遷アーカイブ空中写真閲覧システム」（国土地理院）では，1946 年から 2006 年にかけて撮影された全国の空中写真を閲覧できる．該当する空中写真は，地名/公共施設，市区町村，経緯度/索引図，撮影作業名等の項目から検索する．国土地理院は，近年国土変遷アーカイブ事業に積極的に取り組んでおり，旧版地図などのデジタル化・電子保存記録化を体系的に進めている．国土地理院が保有する古地図のコレクションもウェブで提供されている．

1.6.3 統計データ

近年，統計調査の多くがデジタル化され，大小さまざまな地域単位でデータが提供されるようになってきたことは喜ばしい．例えば国勢調査では，街区，統計区，町丁・字，市区町村，都道府県，メッシュ，同心円帯といった地域単位で集計されている．TXT（テキスト）形式，CSV（カンマ区切りテキスト）形式，XLS（エクセル）形式など普及したフォーマットでデータをダウンロードできる．

統計調査に関する情報を入手したい場合には，まず手始めに「政府統計の総合窓口」（http://www.e-stat.go.jp/SG1/estat/eStatTopPortal.do）にアクセスするとよい．このなかの「統計データを探す」では，統計名，キーワード，作成機関，分野などから目的に沿った統計を探し出せる．また，「都道府県・市区町村のすがた」には，国民生活全般の実態を示す地域別統計データが収録されている．ジャンルは，人口・世帯，自然環境，経済基盤，行政基盤，教育，労働，文化・スポーツ，居住，安全・安心，健康・医療，福祉・社会保障など多岐にわたる．都道府県単位では基礎データ約 739 項目・指標データ約 636 項目が，市区町村単

位では基礎データ約107項目・指標データ約44項目が収められている．これらのデータは，総務省統計局が作成した社会・人口統計体系データにもとづいている．また，「地図で見る統計（統計GIS）」では，国勢調査および事業所・企業統計調査の結果を町丁・字等別に表示するWebGISが稼動している．このシステムのソースとなる統計データはCSV形式で，また町丁・字等境域データはArcViewシェープ形式，G-XML形式で提供されている．

総務省統計局が作成する統計情報（人口・世帯，労働，物価，家計，住宅・土地，文化など）については，（財）統計情報研究開発センター（シンフォニカ）からもデータが得られる（http://www.sinfonica.or.jp/datalist/）．

GISで利用可能な統計データは，国や地方公共団体だけでなく民間団体からも数多く公開されている．これらの情報については，（財）全国統計協会連合会が提供する「インターネット提供の民間統計集」（http://www.nafsa.or.jp/home/index08.htm）を参照されたい．

1.6.4 地理空間情報活用推進基本法・改正統計法の制定とデジタルデータの整備

2007年5月に成立した「地理空間情報活用推進基本法」を受け，国土地理院は全国を網羅する大縮尺基盤地図（共通白地図）の整備に着手し，2008年4月から地理空間情報の位置の基準となる「基盤地図情報」のインターネット無償提供を開始した（http://www.gsi.go.jp/kiban/）．基盤地図情報には，測量の基準点，行政区画の境界線および代表点，道路縁，軌道の中心線，標高点，海岸線，水涯線，建築物の外周線，市町村の町もしくは字の境界線および代表点などの項目が収められている．やがて，この共通白地図には，画像，統計，台帳をはじめ，位置をキーに多種多様な地理空間情報が載せられていくだろう．移動体情報，トラッキングのルートPOS，タウン情報，さらには音声，写真，ブログ，書き込みといった住民提供の情報も位置をキーとして基盤地図にリンクされ，マッシュアップ的に「集合知」となって，一般市民に広く共有されていくものと期待される[6]．

2007年5月には統計法も改正された．これは，政府（官庁）統計の「行政のための統計」から「社会の情報基盤としての統計」への転換を意図した法律である．行政記録の活用拡大，民間委託の促進，ミクロデータの二次利用，司令塔機

能の強化などが盛り込まれている．地理空間情報活用推進基本法との関連でとくに注目されるのは，これまで（旧）統計法15条によって原則禁止されていた個票データの目的外使用が緩和された点である．今後，統計データの二次利用に対する関心が高まり，ミクロデータの開放が進むものと予想される．

　暮らし，消費，就業，意識といった個人に関する統計は，個々の情報を保持することなく単に集計されてしまうと価値が半減してしまう．この点で，ミクロ（非集計）データの提供サービスが広がりつつあるのは歓迎したい．例えば，社会科学統計情報研究センター（一橋大学経済研究所付属）は，住宅・土地統計調査，就業構造基本調査，社会生活基本調査，全国消費実態調査などの個票データの公開を開始した．また，日本社会研究情報センター（東京大学社会科学研究所付属）は，全国家族調査（NFRJ），社会階層と社会移動調査（SSM），日本版総合的社会調査（JGSS）などの個票データの提供を始めた．

　政府が行う統計調査は主要なものだけでも100種類を越えるが，それらの実施主体は各省庁に分散している．このため，小地域コードの振り方，背景地図の精度や縮尺，記載フォーマットなどが統一されていない．改正統計法の成立を機に，小地域コードの共通化やミクロデータに対する位置情報の自動付与など，GISとの親和性をよくする工夫と体系的整備が望まれる．

1.7　理解をさらに深めるために

　最後に，第3巻『生活・文化のためのGIS』の内容に関連し，さらに理解を深めたい読者に参考図書を紹介しておこう．

　東明佐久良編『バーチャルGIS —実世界を完全に再現する—』[7]は，21世紀にはサイバースペースと共存する社会が到来するとし，その社会的な意義と影響について解説する．第1章では，買物や通勤といった日常生活，仕事・企業活動，教育などがバーチャルGISの出現によってどう変わるかを展望し，第2章では，それを実現するVR，LBS，通信ネットワーク，モバイル技術などについて説明する．バーチャルGISの社会的な含意を述べた第3章は，近未来の社会を創造するうえで示唆に富む論考である．

　位置情報は，私たちの生活にいかに関わっているのだろうか．位置情報取得技術の進歩は毎日の暮らしをどう変えるだろうか．柴崎亮介監修『gコンテンツ革

命』[8]は，ビジネス・生活・行政などの側面からLBS（location based service）や地図サービスを取り上げ，gコンテンツの重要性を力説する．本書は時空間情報の取り方や使い方について示唆に富むヒントを与えてくれる．

　岡部篤行・今井 修監修『GISと市民参加』[9]は，GISが「専門家の利用する特殊なツール」から「一般市民が通常活用するコミュニケーションツール」へと変貌を遂げつつあることを指摘し，参加型GISの現状と将来像を描く．

　GISは趣味や娯楽の世界にも活躍の場が広がっている．矢野桂司ほか編『バーチャル京都―過去・現在・未来への旅』[10]は，GISをエンタテインメントと結びつけ，最先端の地理情報技術を解説しながら，仮想現実技術（VR）の「遊び感覚あふれる」応用事例を紹介する．「京の時空散歩」という副題が示すように，平安，江戸，明治・大正，昭和，それぞれの時期における歴史都市京都の3次元地図やバーチャル景観が楽しめる．写真やコンピュータグラフィックの力作が随所に散りばめられている．

　健康・医療・保健分野におけるGISの有効性に関心のある読者には，中谷友樹ほか編『保健医療のためのGIS』[11]が参考になろう．フィールドワークに基づく実証研究の成果を交えながらHealthGISについて最近の話題，欧米の動向，分析手法，保健計画などを幅広く解説している．付録のリソースガイドでは，この分野で有用なソフトウェアや地理情報データが紹介されている．

　歴史・人類・考古分野におけるGIS利用について解説した書物はきわめて少ない．そのなかで，宇野隆夫編『実践考古学GIS―先端技術で歴史空間を読む―』[12]は推奨したい一冊である．考古学と空間情報，考古GISの実践方法，考古学データベース・遺跡調査とGPS/GISの適用，考古学GISの現在と未来について論述している．

　教育GISについては，村山祐司編『教育GISの理論と実践』[13]を挙げておく．「知識の習得」から「学び方を学ぶ」へと教育方針の転換が図られるなかで，GISは作業・課題学習，問題解決学習を支援するツールとして期待を集めている．GISは授業や実習にいかに活用できるのだろうか．どの科目のどんな単元でどう使ったらよいのだろうか．本書はその具体的な実践方法を詳述する．大学におけるGISの教授法についても説明を加えている．　　　　　　　　　　　[村山祐司]

引用文献

1) 久保幸夫・厳　網林（1996）：地理情報科学の新展開，日科技連出版社．
2) 村山祐司（2005）：GISの発展．地理情報システム（シリーズ〈人文地理学〉，第1巻，村山祐司編），p.25，朝倉書店．
3) ITS情報通信システム推進会議編（2004）：図解これでわかったGPSユビキタス時代の位置情報，森北出版．
4) 林　春男監修（2007）：モバイルGIS活用術—現場で役に立つGIS—，古今書院．
5) 湯田ミノリほか（2008）：高等学校教育における携帯電話GISの有効性—学校周辺の土地利用に関する野外調査を事例として—．地学雑誌，117：341-353．
6) Goodchild, M. F. (2007): Citizens as sensors: the world of volunteered geography. *GeoJournal*, **69**(4): 211-221.
7) 東明佐久良編（2004）：バーチャルGIS—実世界を完全に再現する—，オーム社．
8) 柴崎亮介監修（2007）：gコンテンツ革命，翔泳社．
9) 岡部篤行・今井　修監修（2007）：GISと市民参加，古今書院．
10) 矢野桂司ほか編（2007）：バーチャル京都—過去・現在・未来への旅，ナカニシヤ出版．
11) 中谷友樹ほか編（2004）：保健医療のためのGIS，古今書院．
12) 宇野隆夫編（2006）：実践考古学GIS—先端技術で歴史空間を読む—，NTT出版．
13) 村山祐司編（2004）：教育GISの理論と実践，古今書院．

2 エンタテインメントと GIS

　地図を眺めることは，古くから万人の楽しみである．紙地図がデジタル地図となり，コンピュータや携帯電話で地図を見る機会が増加した．そして，インターネットを介した地図の楽しみ方が急速に広がっている．その背景には，地理情報システム（GIS）が社会に溶け込み，デジタル地図の利用が一般的となり，拡大・縮小，重ね合わせ，検索など，デジタル地図を扱うための，インターフェース技術が革新的に向上したことがある．さらに，Google マップや Yahoo! 地図などのデジタル地図を無償で配信するウェブサイトが多数出現し，インターネット上の地図を通してバーチャルに世界中を旅することもできるようになった．

　1980 年代後半に欧米で起こった GIS 革命以降，1990 年代に入り，GIS の S が，Systems から Science へ変わったと認識され，GIS を用いた学術的研究は，地理情報科学（GISc）と呼ばれるようになった[1]．その際，GIS は「ツール」か「科学」か，という論争が見られた[2]．例えば，電子顕微鏡はこれまで通常の顕微鏡では見ることのできなかった小さな物体を見るための道具（ツール）であるが，そのツールを作成するためには，光学や電子工学に関する科学的な発展が不可欠である．そして，電子顕微鏡を通して，これまで見ることのできなかった動植物の実際の DNA を見ることができるようになったことで，分子生物学のように，飛躍的に発展した学問分野もある．この喩えにそって，地理情報科学者たちは，「ツール」である GIS によって，これまで描くことも見ることもできなかった複雑現実世界を仮想空間上にデジタル地図として作成することができるようになり，新たな研究領域である地理情報科学が創成されたと主張する．

　このようにして GISc は，バイオテクノロジーやナノテクノロジーとならんでジオテクノロジーと呼ばれ，近年，飛躍的に発展した科学的研究分野の 1 つとし

ての地位を確立した．そして，GIScの発展に合わせて，GISにかかわるデジタル地図を用いた産業，すなわちGISインダストリが創出されるに至った．その中には，デジタル地図の作成やGISソフトの開発だけではなく，インターネットを介して，多くの人の目を楽しませるエンタテインメントのコンテンツとしてのGISの活用なども含まれる．すなわち，GISは，GIScの学術的研究の先端としてそのピークを高める一方で，GISの一般生活での活用やエンタテインメントとしての大衆利用を通して，そのすそ野を広げているといえる．

「地図を読む」という行為は，エンタテインメントそのものである．辞書によると「エンタテインメント（entertainment）」とは，演芸，余興，娯楽を意味し，人々を楽しませてくれるものである．ここでは，紙地図では味わうことのできない，GISを用いて初めて可能となった，デジタル地図やインターネット上のWebGISによるエンタテインメントを紹介していくことにしたい．

2.1 インターネット上のデジタル地図

2.1.1 デジタル地図を楽しむ

世界最大級の検索エンジンGoogleの日本語の検索ワードランキング（2006年1月1日から12月15日まで）において，「地図」は「翻訳」「辞書」を抑え，総合ランキング1位であった（表2.1）．このことから，インターネット上で地図が注目され，その利用が普及してきたことがわかる．場所を確認するためにインターネット上の地図が日常的に利用されていると考えられるが，「地図を読む」

表2.1 Googleの総合ランキング
（2006年）

1位	地図
2位	翻訳
3位	辞書
4位	動画
5位	ほしのあき
6位	天気予報
7位	au
8位	価格
9位	郵便番号
10位	倖田來未

というエンタテインメントとして，インターネット上の地図を楽しんでいる人も少なくないであろう．

これまでデジタル地図そのものやそれを見るための GIS ソフトは高価なもので，インターネットで地図を閲覧する際に課金されることもあった．しかし，Google マップや Yahoo! 地図などの無料の地図検索エンジンの出現は，そうした問題を一気に解消してしまった．ここでは，Google マップを用いて，紙地図ではなくデジタル地図と GIS の基本操作で楽しむ「地図の読み方」の視点から，そのエンタテインメント性を考えてみよう．

地図を見る動機は，ある目的地へ向かう場合にその場所やルートを確認することがほとんどであろう．実際の移動では，途中，公共交通機関を利用することも多いが，その場合，Yahoo! 路線情報，@Nifty 路線検索，Google Transit などのいわゆる路線検索サイトが非常に便利である．時刻表と連携された検索システムであれば，移動日の出発時間や到着時間を設定すれば，最短時間や最も安いルートを教えてくれる．そして，最終的には，最寄りの駅やバス停から目的地までの地図を確認することもできる．

また，観光などでこれから訪ねる街の地図を見て，観光ルートを考えながら楽しい旅を想像したり，または，過去の思い出の場所を地図でたどりながら当時を思い出したりすることも少なくない．その場合，これまでは，それぞれの目的に即した地図を用意し，さまざまな地域情報を収集しなくてはならなかった．しかし，インターネットを用いれば，さまざまな地図を閲覧するだけでなく，目的に応じた地域情報を，インターネットから引き出すこともできる．

Google マップで，自分の思い出の場所を訪ねてみよう．住所やお店の名前を入力すると，その場所を中心とする「地図」，「航空写真」，両者を重ねた「地図＋写真」が表示される．地域や縮尺によって，地図の種類，衛星写真や航空写真の種類が自動的に変わっていく（図 2.1）．世界地図全体のスケールから，1 軒の家のスケールまでをシームレスに無料で閲覧できるこのシステムは，インターネット上の地図を介して，世界中をバーチャルに訪ね歩くことを可能にした．

また，Yahoo! 社は，Yahoo! 地図情報の中で「古地図で東京めぐり」を提供した．そこでは，現在の地図と航空写真に，「江戸」(安政 3(1856) 年実測の復元地図) と「明治」(明治 40 (1907) 年前後の復元地図) の地図を重ねて表示することができる (2007 年 3 月で終了)．このように異なる時代の地図を重ね合わせる

2.1 インターネット上のデジタル地図

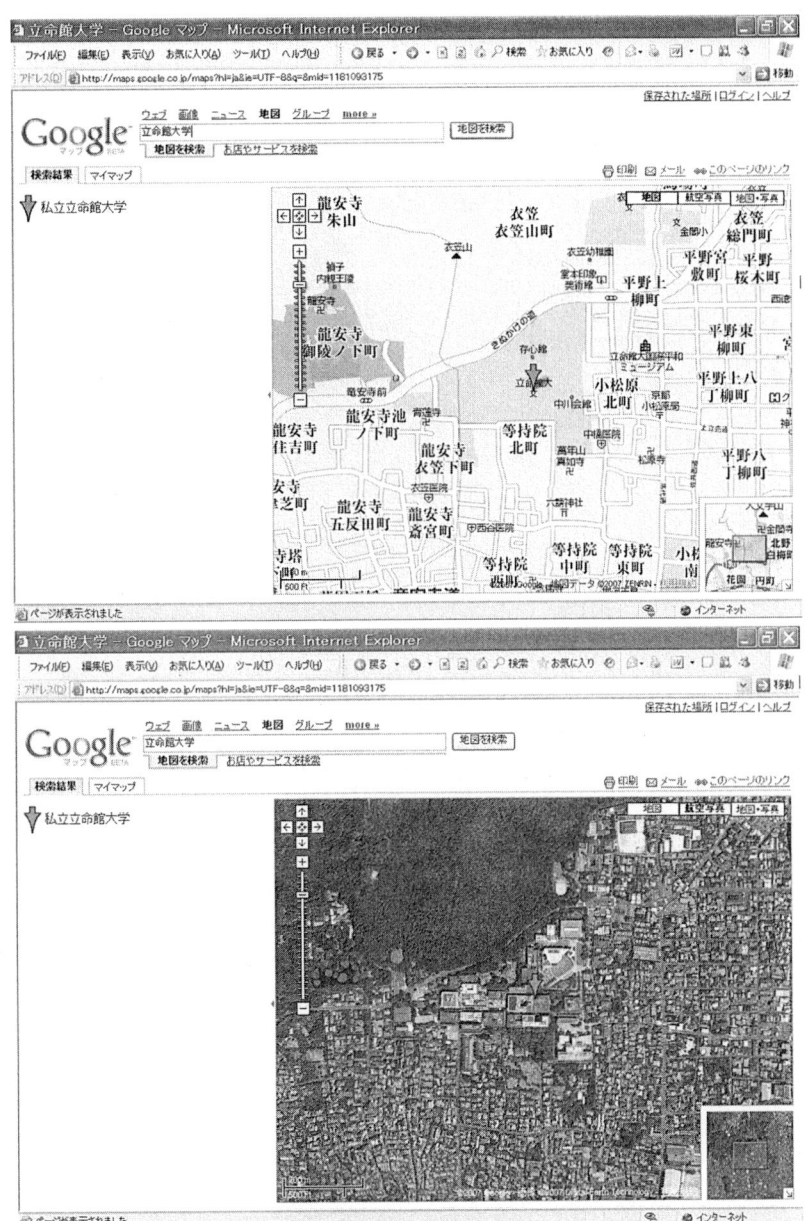

図 2.1 Google マップ
上：地図，下：航空写真．

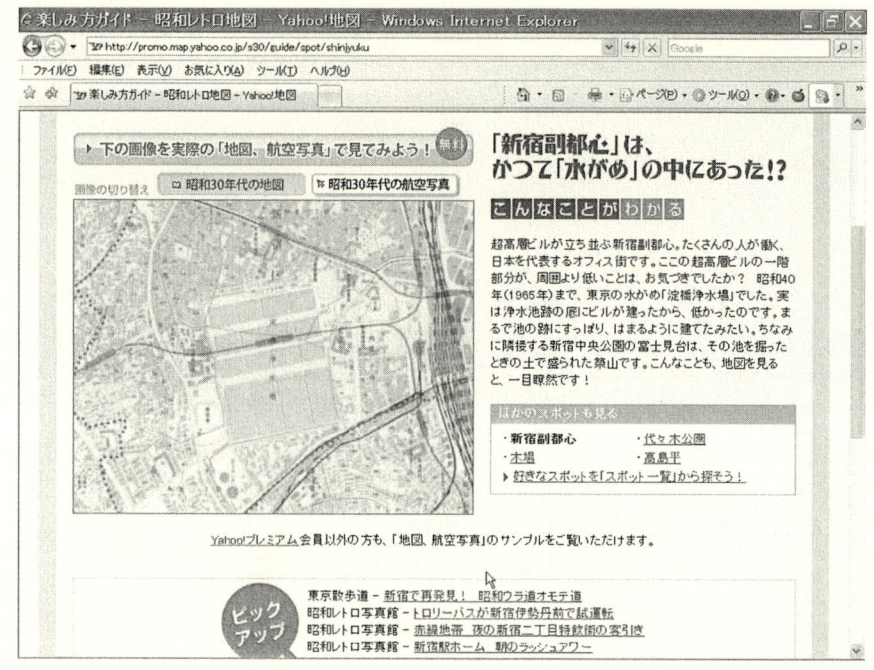

図 2.2　Yahoo! 地図の「昭和レトロ地図」

WebGIS の例としては，現在（2008 年 7 月）有料であるが，Yahoo! 地図に「昭和レトロ地図」がある（図 2.2）．そこでは，東京の現在と昭和 30 年代の地図と航空写真が公開されており，当時の風景を想像させるものとなっている．

このように，GIS のエンタテインメント性の本質は，地図を眺めて楽しむことにある．GIS の発展によって，地図がインターネット上のデジタル地図となり，これまでにない新しい地図の見方が可能となり，新たなエンタテインメントが実現されたといえる．

2.1.2　デジタル地図検索エンジン

インターネット上のデジタル地図は，目的となる場所やお店の位置を示すために，住所からその位置を地図上に示す住所検索機能が主であった．しかし，Google Local（現在は，Google マップと統合）は，ある特定の場所・地域から，その周辺の任意の検索対象を探し出すという，新たな地図検索機能の使い方を生

2.1 インターネット上のデジタル地図　　　　　　　　　23

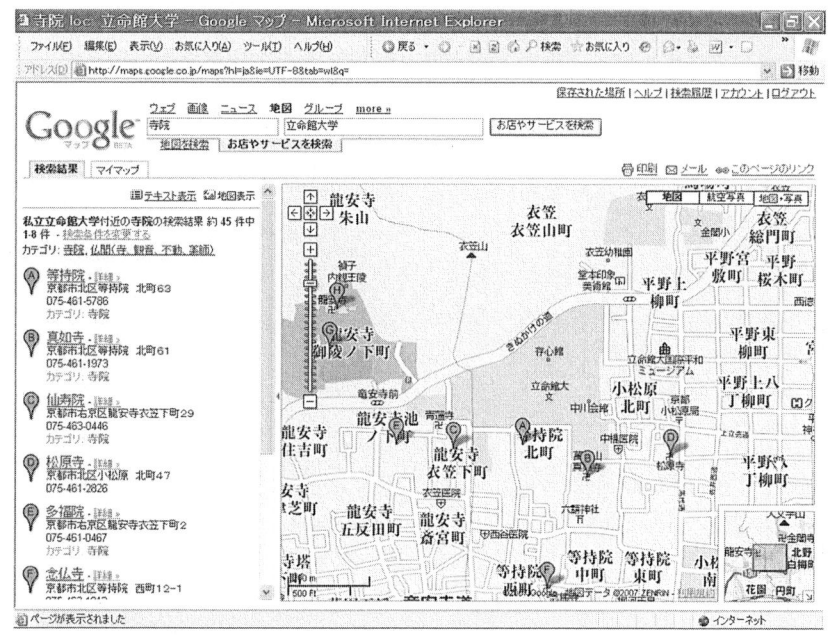

図 2.3　Google マップ「お店やサービスを検索」

み出した．ある場所から，その周辺の地域情報を検索するという地図検索は，GIS の新たなエンタテインメント性の視点を提供するといえる．

　例えば，Google マップの「お店やサービスを検索」で，キーワードを「寺院」，場所を「立命館大学」として入力すると，立命館大学から近い順に，「寺院」の位置と，それら寺院の一覧が表示される（図 2.3）．このような活用はインターネット上ならではの GIS の活用事例であり，地図を通してさまざまな新たな情報を収集するといった検索もエンタテインメント性をもつ．

　また，住所や郵便番号などを入力するだけで，その場所に関するあらゆる地域情報を地図とともに提供してくれるウェブサイトがある．例えば，英国の UpMyStreet という地域情報ポータルサイト（http://www.upmystreet.com/）では，特定の場所や郵便番号を入力することによって，その周辺地域のさまざまな情報を提供してくれる．そこでは，はじめに，その地域での生活に必要な，ガス，税金関係，ブロードバンド利用などの連絡先をはじめとする多様な地域情報

の一覧が表示される．これから住む家を探そうとする人には，当該地域の物件情報が示され，近隣の学校一覧なども表示される．このような地域情報は日本でも提供されているが，英国の情報公開の方がかなり進んでいる．学校関係の地域情報の一例をあげれば，当該地域の小学校（primary schools），中学校（secondary schools），大学進学のための高校（sixth forms）の一覧と，各学校の教科ごとの成績が経年的に示される．さらに，空間単位はやや広くなるが，当該地域の各種の犯罪情報や政党・議員情報なども提供される．そして，当該地域の居住者特性がどのようなものであるか，すなわち近隣住民はどのような家族で，どのようなライフスタイル，価値観をもっているかなどを指し示す，地域の社会・経済的データの情報も表示される[*1]．

2.1.3 自分の地図を作成する

　Google 社は，Google マップを自由にカスタマイズして新しいウェブサイトを作成するための API[*2] を公開している．その結果，Google マップを活用したさまざまな地図サイトが現れた．例えば，CommunityWalk というウェブサイトは，さまざまな地域情報を簡単に Google マップ上に公開できる仕組みを提供している．例えば，主要な観光スポットのパノラマ写真や解説を Google マップに配置したロンドン観光サイト（http://www.communitywalk.com/map/65）がある．さらに，Google 社は，2007 年 4 月に「マイマップ」の機能を追加した．これによって，Google マップを背景地図とした自分だけの地図サイトを簡単に作成し，公開することができるようになった．

　日本でも，同様の試みとして，政府が推進する「電子国土 Web システム」がある．立命館大学では，このシステムを用いて，京都の史跡情報などを「京都アート・エンタテインメント・マッピングシステム」（http://www.ritsumei.ac.jp/acd/cg/lt/geo/rgis/cybermap/）として公開している[4]．

　また，Google マップの「マイマップ」，Yahoo! 地図の「ワイワイマップ」，

[*1] ここでの小地域の社会・経済的データは，ジオデモグラフィクスと呼ばれるもので[3]，具体的には，居住者特性からみた郵便番号区ごとの地区類型のことを指す．UpMyStreet では，CACI 社が作成した ACORN が用いられている．

[*2] API（application program interface）とは，ソフトウェアを開発する際に使用できる命令や関数の集合のことで，個々の開発者は規約に従ってその機能を「呼び出す」だけで，自分でプログラミングすることなくその機能を利用したソフトウェアを作成することができるシステムのことである．

図2.4 WikiMapia

WikiMapia,「はてなマップ」などのように，不特定多数の人々が，世界地図上の任意の地点・領域に，その場所の感想や写真イメージを自由に貼り付けることのできる地図サイトも現れた．1枚の地図に多くの人がさまざまな地域情報を書き込む掲示板のようなものである（図2.4）．

これらの機能は，基本的に，Googleマップなどが提供する背景地図に点や線や面を貼り付け，それらに関連する画像や動画，あるいは他のウェブサイトなどをリンクさせるものである．これらに加えて，最近では，地図検索エンジンに，高額なGISソフトが備えていた機能である階級区分図や他のラスタデータを重ねる技術も開発されてきた．例えば，世界のGIS拠点の1つである英国ロンドン大学ユニバーシティ・カレッジ・ロンドンのCASAでは，Googleマップの上に，ArcGISで作成した階級区分図を表示するGMapCreatorを開発し，無償でそのソフトを公開している（http://www.casa.ucl.ac.uk/software/gmapcreator.asp）．さらに，ArcGISでは，ArcGISで作成した地図をそのままGoogle Earthに取り込める，KMLファイルへの変換ツールを提供している．このようなソフトの開

発は，インターネット上でのGIS利用をさらに促進するとともに，新たなGISの活用を可能とする．

インターネット上の地図は，単に，地図を眺めて楽しむということだけでなく，目的や興味に合わせて地図を作成する，さらにはその過程に参加したり，作成した地図を公開したりするといった，デジタル地図の新たなエンタテインメントを創造し始めている．

2.2　3次元デジタル地図のエンタテインメント

Google社は，Googleマップに続いて，2005年6月にインターネット上の3次元電子地球儀Google Earthをリリースした（図2.5）．Google Earthは，球体としての地球を，地球全体のスケールから人を識別できるスケールまで，マウス操作1つでシームレスに3次元地図として閲覧することを可能にした．実際に，宇

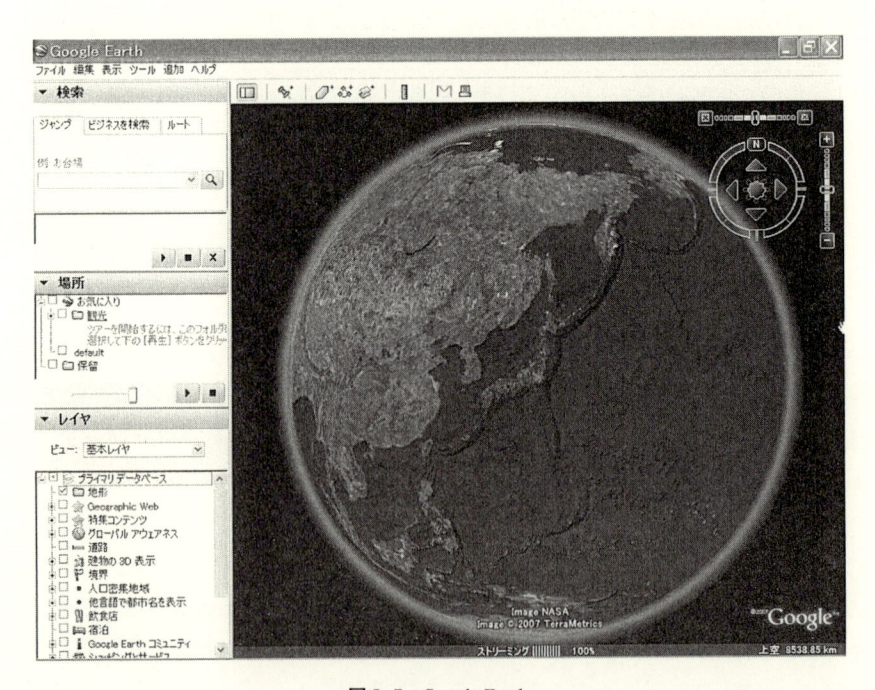

図2.5　Google Earth

宙船や飛行機に乗ってしか見ることのできない地球の眺め，実際に登山しないと見ることのできない山頂からの眺め，一般には足を踏み入ることのできない秘境の地の様子などを，パソコンの画面に表示することができる．Google Earthによって，お茶の間にいながらにして，バーチャル空間での世界一周旅行が可能となった．

2.2.1 地表面の3次元表示

　デジタル地図のさらなる楽しみに，標高や建物の高さなどのデータを追加することで，立体的な3次元地図を容易に見られることがあげられる．1990年代後半から，デジタル標高モデル（DEM）をもとに，3次元表示を可能とする無料のソフト「カシミール3D」が出現した．鳥の目線からの3次元立体地図の眺めは，2次元の地図よりも臨場感にあふれる空間的経験を可能とする（図2.6）．しかしながら，カシミール3Dの場合，各自でデータを集める必要がある．

　それに対して，Google社のGoogle EarthやMicrosoft社のMicrosoft Virtual Earthは，無料の専用ソフトをダウンロードしてインターネットに接続することで，簡単に世界中を閲覧することができる．Google Earthの世界中の地形データは，米国航空宇宙局（NASA）のスペースシャトルでのミッションで作成された標高データをベースとしており，部分的であるが，より詳細なデータが入手されると，随時置き換えを行っている．また，地表面のイメージは，過去3年間に撮影された衛星画像や航空写真を貼り付けたもので，新しいものが入手される

図2.6　カシミール3D

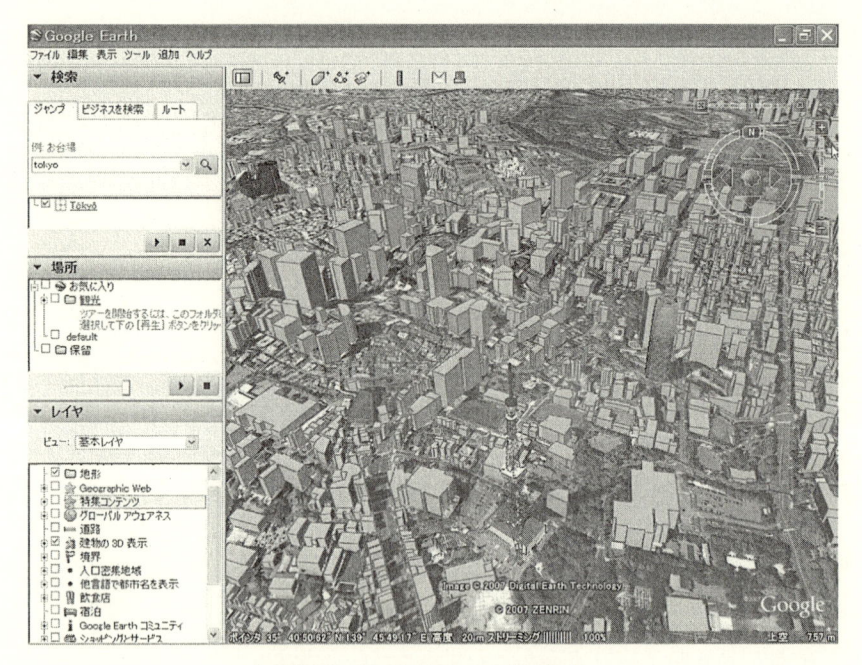

図 2.7 Google Earth の 3 次元都市

と，随時更新されるらしい．

さらに，米国の大都市のいくつかでは，高層ビル群の 3 次元建物モデルが提供されている．そして，2006 年 9 月には，Google Earth の日本語版のリリースとともに，日本のほとんどすべての 3 次元建物モデルが提供されるようになった（図 2.7）．

最近は，2 次元での地図サイトと同様に，Google Earth を背景に，独自にさまざまなコンテンツを配置したり，公開したりすることもできるようになった．特に，Google 社は 3D ソフト SketchUp を買収し，無償で Google SketchUp として公開した．これによって，多くの人々が，建築物の 3 次元モデルを作成し，Google Earth 上に簡単におくことができるようになった．2 次元地図での楽しみが，3 次元地図でも体験され，新たなエンタテインメントとして今後飛躍的に拡大していく可能性がある．

2.2.2　4次元バーチャル時・空間

　Google Earthでは，現在の地図や航空写真・衛星写真の上に古地図や絵図のラスタ地図を重ね合わせるプロジェクトが進行している．Google Earthの中に含まれている「特集コンテンツ」には，さまざまな楽しいコンテンツが随時追加されているが，その中の1つに米国の古地図収集家のデビッド・ラムゼイ氏が提供した古地図がある（図2.8）．これは，彼のコレクションのいくつかをラバーシート法などで新しい現在の地図に合うようにフィッティングして，Google Earth上に配置し重ね合わせたものである．しかしながら，基本的には，2次元の古地図を3次元のGoogle Earthに貼り付けたものである．

　これに対して，立命館大学では，21世紀COEプログラム「京都アート・エンタテインメント創成研究」の研究成果の一部として，2007年1月から「バーチャル京都3Dマップ」を公開している．これは，異なる時代における歴史都市京都の3次元立体地図をそれぞれ作成し，時・空間を自由自在に移動することができるウェブサイトで，（株）キャドセンターが開発したUrban Viewer for Webを用いて構築されている[5]．

　現在，フライスルーとウォークスルーの2種類のモードがあり，フライスルー・モードでは，京都市域全域の現在と平安京のバーチャル京都を体験することができる（図2.9）．そして，ウォークスルー・モードでは，現在と昭和初期の四条通の詳細なバーチャル空間を体験できる．さらに，ウォークスルー・モードの京都南座では，四条通の玄関から中に入り舞台の上に立つことができるし，平安時代の朱雀門から大極殿に入り，歩き回ることもできる（図2.10）．

　また，このサイトでは，歴史都市京都のデジタルアーカイブ化された芸術・文化コンテンツがちりばめられている．3次元空間上にあるアイコンをクリックすると，その場所をモチーフに描かれた浮世絵が表示されるし（図2.11），南座のアイコンをクリックすると，南座内部や歌舞伎の詳細なCGを，また西本願寺では，国宝北能舞台での能舞のCGを鑑賞することができる．

　このように，GISやVR（virtual reality）技術を活用することによって，時間次元を取り入れた4次元のバーチャル時・空間を構築し，新たなエンタテインメントとしてのバーチャル・ミュージアムあるいはバーチャル・シアターを楽しむことができる．

　地理情報科学者の楽しみの1つに，見る人がびっくりしたり，面白いと思うよ

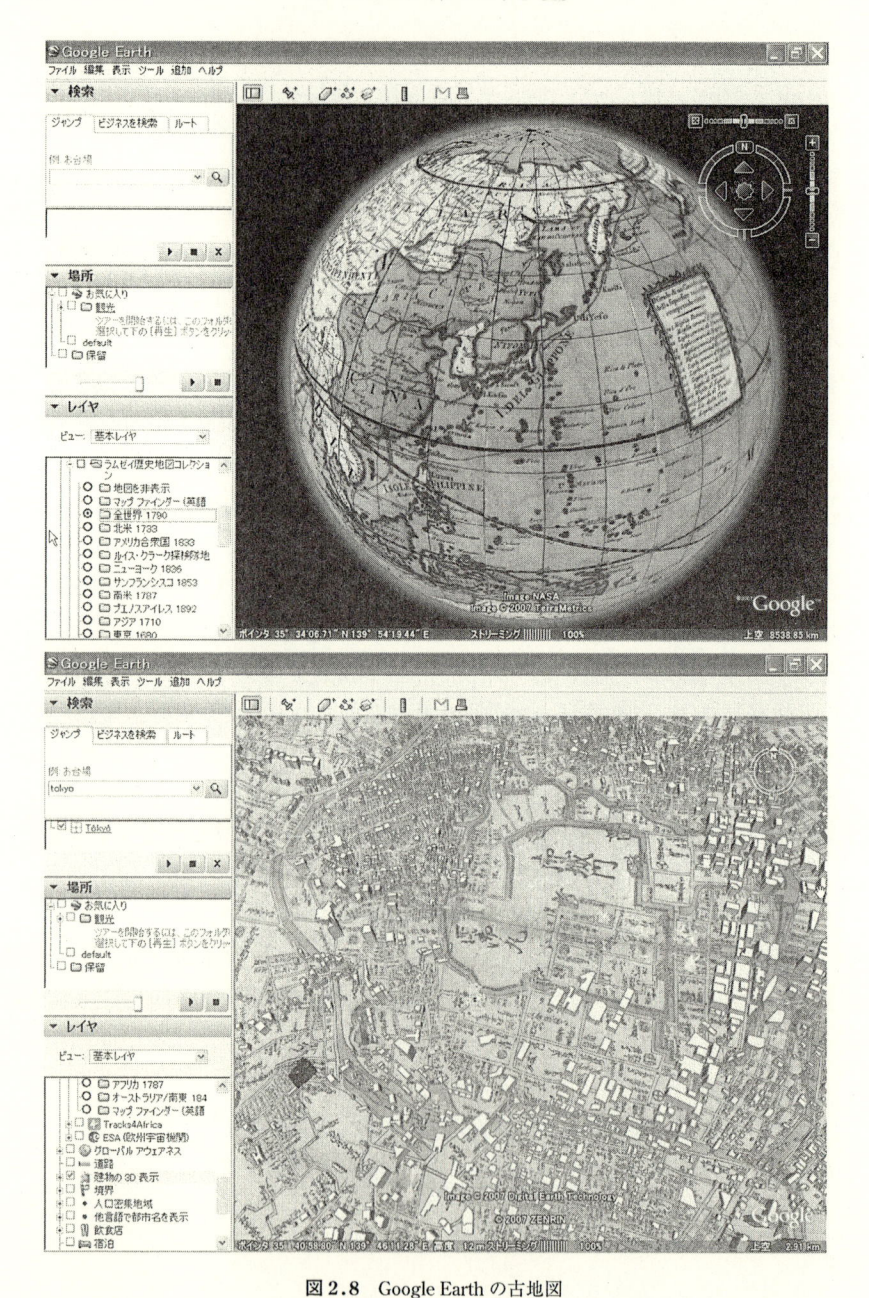

図 2.8　Google Earth の古地図
上：1790 年の世界地図，下：1680 年の江戸の古地図．

図 2.9 京都バーチャル 3D マップのフライスルー
上：現在，下：平安京．

(a) 現在

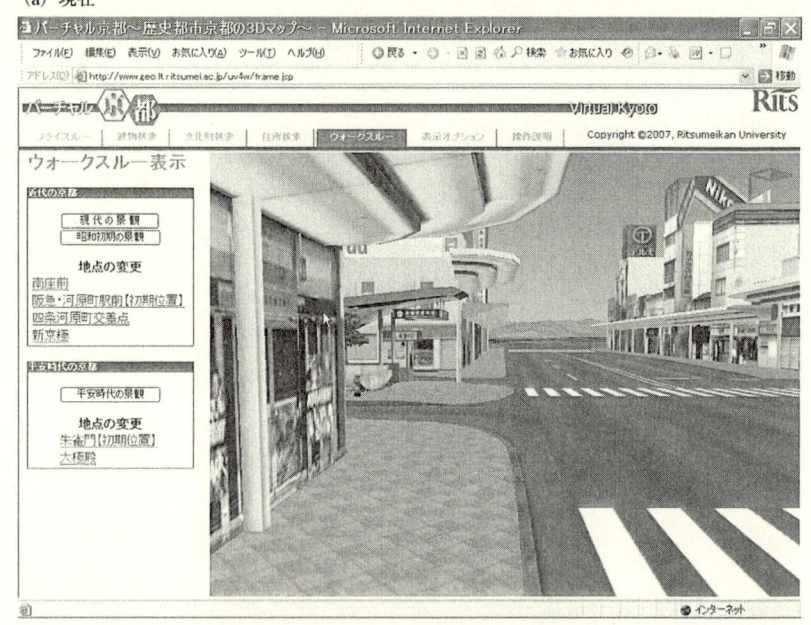

(b) 昭和初期

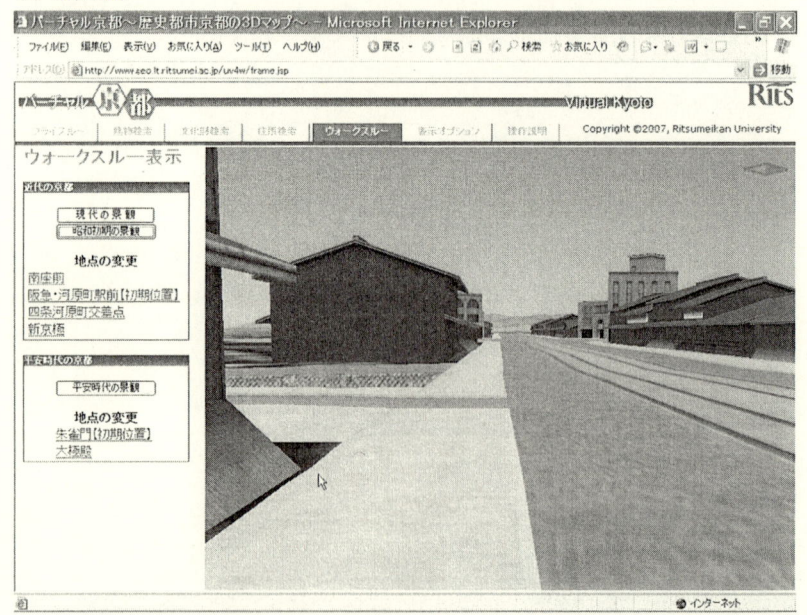

(c) 平安京

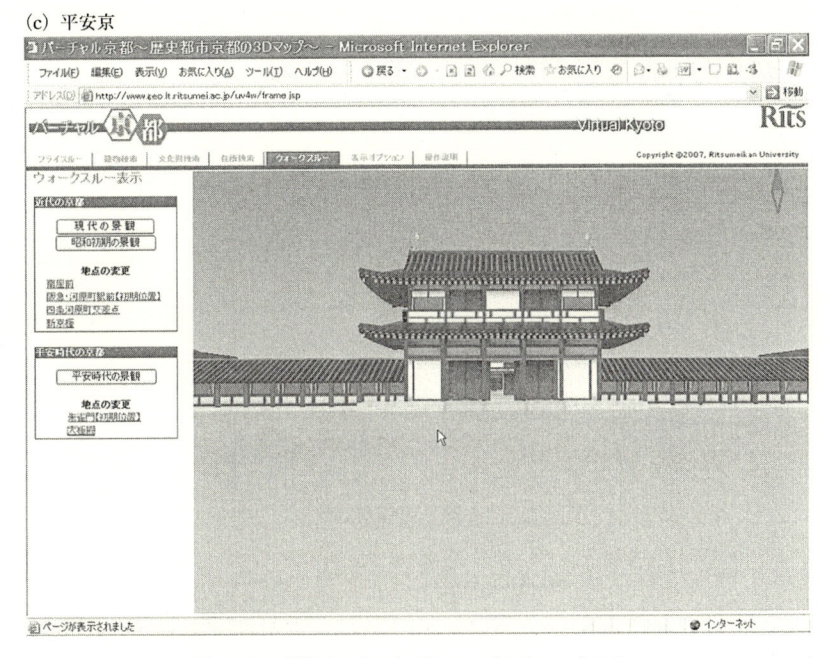

図2.10 京都バーチャル3Dマップのウォークスルー

うなデジタル地図やGISのウェブサイトを作成して見せることがあげられる．GISによるエンタテインメント性は，「地図を読む」という昔ながらの楽しみを，デジタル地図によってインターネット上で再現し，GISひいては地理情報科学の発展によって，これまでにない地図の利用法を切り拓いているところにある．

また，デジタル地図のエンタテインメントとしての利用は，個人で楽しむだけでなく，インターネットを介して，地図上にさまざまなコンテンツを置いて公開することで，地図を通したコミュニケーションへと発展する可能性を秘めている．

近年，インターネット上に出現した3次元仮想世界として注目を集めているSecond Lifeは，ネット上のバーチャル空間に自分の分身（アバター）を作り，そこでバーチャルに生活し，コミュニケーションする，新しい世界である．地図は現実世界を写したモデルであるが，Second Lifeのようにインターネット上に作られつつあるバーチャル空間は，現実空間でおこる実際の生活をモデル化したものともいえる．紙地図からデジタル地図へ，そしてインターネットを介した

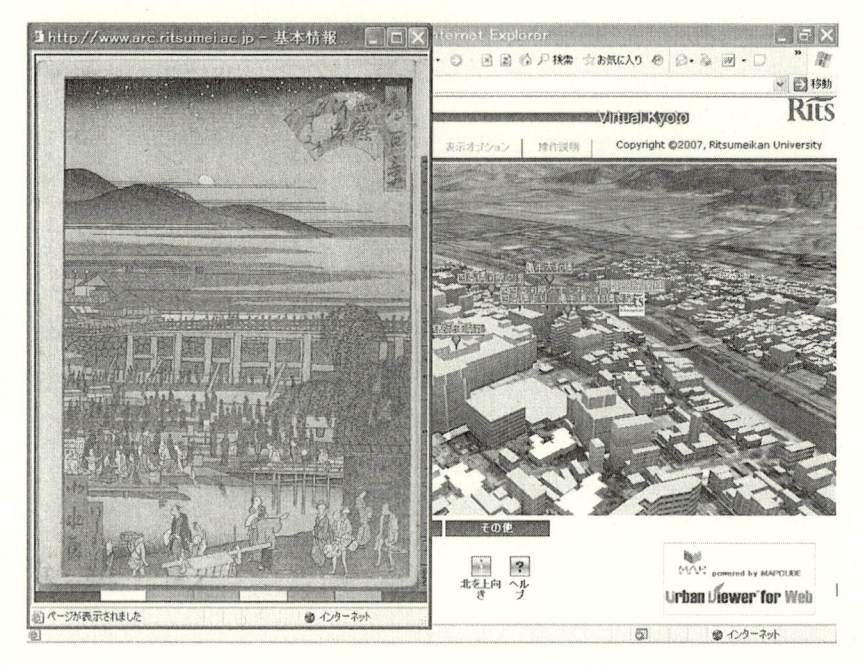

図 2.11 バーチャル・ミュージアムとしての京都バーチャル 3 D マップ（浮世絵は，立命館大学アートリサーチセンター所蔵）

バーチャル時・空間へという地図の進化は，GIS が新しい学問領域としての GISc を発展させたように，地図による新しいエンタテインメントを創出していくことは間違いない．　　　　　　　　　　　　　　　　　　　　　　　　　　　　　　　［矢野桂司］

引 用 文 献

1) Goodchild, M.（1992）: Geographical information science. *International Journal of Geographical Information Science*, **6**: 31-45.
2) 矢野桂司（2005）：ジオコンピュテーション．地理情報システム（シリーズ〈人文地理学〉，第 1 巻，村山祐司編），pp. 111-138，朝倉書店．
3) Harris, R., Sleight, P. and Webber, R.（2005）: *Geodemographics, GIS and Neighbourhood Targeting*, John Wiley & Sons.
4) 瀬戸寿一（2006）：API を用いた地理情報配信 Web サイトの構築—電子国土 Web システムを事例に—．立命館地理学，**18**：47-54．
5) 矢野桂司・中谷友樹・磯田　弦編（2007）：バーチャル京都—過去，現在，未来への旅，ナカニシヤ出版．

3 ナビゲーションとGIS

「ナビゲーション」(＝地理的な誘導) はGISの重要なアプリケーション/ファンクションの1つといえる．

「ナビゲーション」と聞くと「カーナビゲーション/カーナビ」が連想されるのではないだろうか．それだけ，一般人の生活に浸透し，ビジネスとしても成功している証であろう．しかし，「カーナビゲーション」に近い業務に携わってきた筆者にとって，家電商品の「カーナビ」を「GIS」と捉えることには違和感がある．それはなぜなのだろうか．そのあたりをはっきりさせておくことが，GISが一般人の生活に広く浸透していくための1つのヒントになるような気がする．

そこで，まずカーナビゲーションの基本機能に触れる．そして，カーナビゲーションの発展の歴史を概観し，PDAや携帯電話機（ケータイ）を活用した歩行者ナビなどへの応用を考察し，さらに，今後どんな方向へ発展するのかを展望しながら，GISがどのように関わっていけるのか，どんな技術に期待があるのかを探る．

3.1 カーナビゲーションシステムの基本機能

カーナビゲーションシステムを構成する要素機能については，道路交通管制関連の地理データベースの国際標準化（ISO/TC204/WG3）の物理フォーマット検討分科会（SWG 3.2）で各国の専門家が議論を尽くした結果として，下記の6つに整理される[1]．

① 地図描画機能（map display）
② 自車位置算出機能（positioning）

③ 目的地までの経路探索機能（route calculation）
④ 目的地までの誘導機能（guidance）
⑤ 住所・位置特定機能（geo cording）
⑥ サービス情報参照機能（location reference）

3.1.1 地図描画機能

「指定条件の地図を表示する機能である．自車位置を中心に指定された拡大率で周辺の地図データを表示したり，目的地周辺の地図データを表示したりする．地図データとしては道路形状データやその状況などの情報が該当する．視点を仮想的に上空において擬似的な立体表示をしたり，車の進行方向が一定方向を向くように回転した表示をする場合もある」[1]

地図描画機能（map display）は，GIS システムにおける地図表示そのものともいえる重要な機能である．デジタル地図の特徴として，任意の位置の地図を表示できることがあげられるが，表示された地図の中心が重要な意味をもつことが多い．「＋」字記号などで表されることが多く，カーナビゲーションシステムの走行時においては「自車位置」という特別な概念で捉えられている．さらに，つねに「自車位置」を中心に表示する機能によって，地図をめくりながら指でたどっていくような行為を自動化することに成功している．この時点では，ナビゲーションではなく「自動地図表示装置」である．

この「自動地図表示装置」に求められる要素を考えてみると，カーナビゲーションの特性が見えてくる．

1つに，走行時に地図を見るための装置であるにもかかわらず，走行時には凝視させない工夫があげられる．詳細な表示をしないなどである．高速運転時ほど詳細な地図ではなく，イラストによる「ハイウェイモード」表示などが使われている（図 3.1）．

また，当時のプロセッサ（CPU）の表示処理能力の限界もあって，走行時には1軒ごとの家形が判別できるほどの詳細な地図は表示していない．GIS が詳細さや精度を追求することとコンセプトを異にする．

第2に，走行方向を上に表示する「ヘッディングアップ」があげられる．地図を読み慣れていない人が助手席で，地図帳をクルクルと回す光景に出くわすことがある．頭の中で，転写がうまくできない場合には地図を無理やり目の前のリア

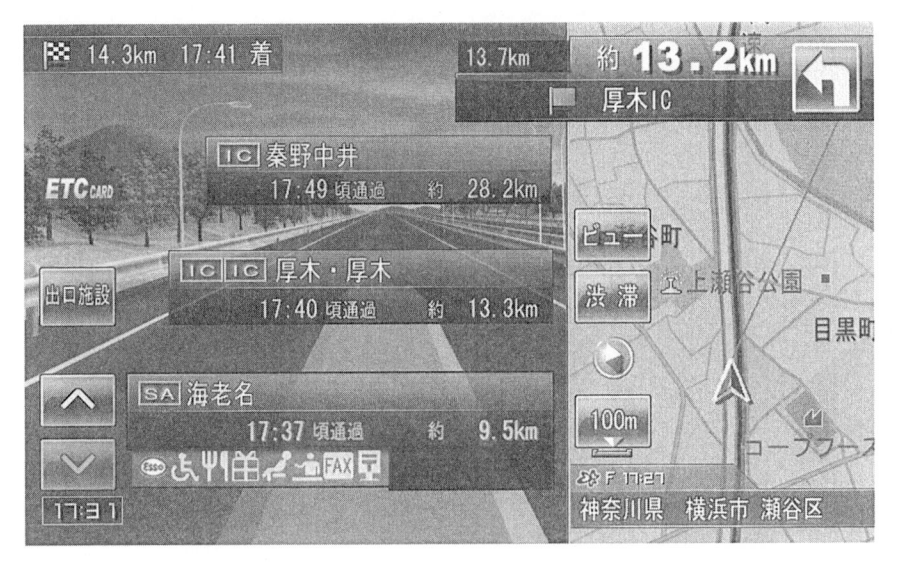

図3.1 ハイウェイモード表示の例（パイオニア（株）提供）

ルなイメージに合わせて回転させたくなるが，この作業を自動的に行うわけである．ところで，絵は位置関係が一定で回転も難しいことではないが，地名や川の名称などの文字（＝注記）はどうなるべきだろうか．海外の地図では，道路に沿って道路名が記入されており，文字の向きが道路に沿って傾いていることが多い．日本の地図では，文字を正立させるために地図を回転しても正立していることが期待されている．これは高度な技術を要求する．具体的には文字ごとに位置情報をもたせて表示する方法がとられている．コンテンツの作り方が根本的に異なるのである（最近では，描画処理プログラムの工夫で近似的な表示方法によって，トータルコストを下げるような取り組みも行われているようだ）．

3.1.2 自車位置算出機能

「各種のセンサー情報から収集された移動情報を用いて，自車位置を推定し，その位置を該当する地図データ上の位置と関連づける補正を行う機能で，マップマッチングとも呼ばれる．この処理によって，データベースに登録されている道路形状データの位置に車の位置を整合することができる」[1]．

自車位置算出機能（positioning）には，カーナビゲーション特有なものが多い．

図 3.2 名コピー「道は星に聞く」(パイオニア(株) 提供)

　パイオニア(株)の CM にあった「道は星に聞く」(図 3.2) が記憶に残っている方が多いのではないだろうか．星とは天空に舞う GPS 衛星のことである．複数個の衛星から放出される電波信号を受信することによって自車位置を割り出す優れモノで，この GPS の発明がなかったらカーナビゲーションシステムは未だに実用化されていなかったかもしれない．しかしながら，この GPS 衛星は万能ではなく，「各種のセンサから収集」が必要になるのである．衛星から発射された電波は建物に遮られたり，地物のさまざまな反射により遅延時間に誤差が生じるため求められた位置に誤差が潜む．さらに，大気，特に雲の影響を受けやすい．また，トンネル内や地下駐車場では電波が届かないため頼りにならない．詳細は割愛するが，加速度センサ(ジャイロ)によってどの方向へハンドルを切ったかを認識したり，スピードメータ用に発せられる車速パルスを取得したり，専用のセンサでタイヤの回転数や方向を得る研究などが行われている．上記の大気による誤差を取り除くために民放系の FM 放送に重畳されたディファレンシャル(差分)情報を得ることも行っていた(2008 年 3 月末日をもって FM 多重 D-GPS は終了)．それでも，絶対精度で数 m の誤差は生じる．車幅 6 m の道路では外れ

てしまう．それ以前に，地図の精度が問題である．道路地図の基になっている1/25,000の地形図の精度が数mの誤差を含んでおり，デジタル化時の誤差も含めれば数十mに達する．これでは，銀座のように路地の多い場所では，1本以上離れた路地を指し示すことになってしまう．

そこで考え出された技術が「マップマッチング」である．車は道路上しか走らないという大原則の下，最も確率の高い道路の上に自車位置を置く．これは画期的なアイデアである．構成要素が原理的にもつ誤差をキャンセルし，利用者にとって正しい視覚情報を提供するからだ．

以上は，GPSが万能でなかったために開発された技術群である．このため，GPSには2割程度しか頼っていないともいわれる．試しに走行時にGPSアンテナを覆ってみるとよい．しばらくは正しい位置を示すはずだ．

ついでにもう1つ．車は停めた場所からスタートするという特徴がある．これは，GPSの測位にとっては都合がよい．GPSには初期測位に時間がかかるという問題がある．携帯電話でGPS測位を行ったことがある人は誰もが経験していると思う．携帯電話では（移動しない）基地局の情報を利用してスピードアップを図っているが，車は止まった位置からスタートするため衛星の信号に当たりを付けることができるので，初期測位を高速化できる．駐車場を出て右に行くべきか左に行くべきかと判断する時点で「測位中」では役に立たない．最近の車はエンジンが安定するまでの暖機運転が不要ですぐに発進できるので尚更である．

3.1.3 目的地までの経路探索機能

「第一の指定位置から第二の指定位置までの道路情報を指定条件によって評価して，最適の経路を算出する機能である．通常は，第一の指定位置として自車の現在位置をとり，第二の指定位置を目的地とする．途中に経由地を入れる場合は，その位置を目的地とし，かつその先への出発位置とすることで処理される．

この処理は，道路のネットワーク解析によって実現されるが，特に指定位置から最近傍のネットワークを求めるためには，道路形状データを用いた補助的なルート探索処理が組み合わされる．

自車位置と目的地の間の推奨経路を算出する経路探索は，一般的な計算処理であるが，カーナビゲーションシステムでは特に重要な処理に位置づけられ

る．遠隔の目的地までの経路を交通規制や運転者の好みなども取り入れた各種の条件を組み合わせた評価方法と計算速度が，システムの差別化に繋がっている」[1].

目的地までの経路探索機能（route calculation）は，カーナビが「自動地図表示装置」から「カーナビゲーションシステム」へと進化を遂げるには欠くことのできない機能である．しかしながら，カーナビゲーションシステムを装着している人が必ず目的地を入力して，地図上に「ルート」を表示しているわけではない．利用しようという意図には，初めての土地に不慣れであるなどの動機が存在している．単に最短距離のルートを示すのではなく，安心感を与えたり種々の機能要求に応えられることが重要である．これを実現するためには地図データから取り出してデータ化される道路ネットワークデータ以外に，種々の属性データが必要になる．

物理的な道路幅のような属性データに始まり，最近では国土交通省を中心に「走りやすさマップ」が作られている．走りやすさをどのように属性データ化するべきか，研究が進められている．この属性データについては利用者によって評価が違ってくるので，多面的に整備される必要がある．

GIS の世界では，属性データの議論はあまりなされていない．これは，GIS 自体が見ることを目的とした可視化ツールであることにも関係があるように思われる（もちろん，GIS ツールで可視化しながら編集作業を行っている）．今後は交差点（＝ノード）ごと，あるいは道路（＝リンク）ごとに○○な人には△△というような属性データを付与するようになるかもしれない．

3.1.4 目的地までの誘導機能

「推奨経路として求められた経路に沿って車を導くために，車の移動に伴って進行方向を運転者に伝える機能で，自車位置判定機能と経路探索機能を組み合わせて実現される．複雑な交差点では，拡大図を表示したり，先の操作を予告したりして，指示性を向上させている．

運転者に指示内容を伝達する方法としては，地図上に経路を表示する方法と，音声で右左折を指示する方法がある．特に，欧州では地図上に推奨経路を表示せずに，車の操作方法を音声で指示するシステムが多い」[1]．

目的地までの誘導機能（guidance）については，英語の guidance からすると，

3.1 カーナビゲーションシステムの基本機能

図 3.3 最近のカーナビ画面の例（パイオニア(株) 提供）

「誘導」というよりは「案内」が妥当と思われる．バスガイド役のようなものである．運転しながら画面を見る行為は危険である．警察は，2秒以上凝視させる行為を危険とみているようである．そこで，有効なのが「音声」による案内方式である．

これにはいくつかの方式が考えられる．ナレータによってデジタル録音して再生する方式やTTS（text to speach）と呼ばれる音声合成による方式などである．リアリティを求めるほどに多くの大容量のデータが必要になる．場合によっては地図データよりも大きいこともある．GISデータに分類されることはないかもしれないが，音声データに位置情報を付与しておけばいろいろな使い道があるかもしれない．

一方，画面を使ったガイダンスとして交差点拡大図など抽象的な絵でメッセージを伝えることもできる．もちろん，海外では古くから「ターンバイターン」と呼ばれる地図を表示しないガイダンスが主流だった．したがってカーナビゲーションシステムを地図を表示する装置とみなすのは早計である．

3.1.5 住所・位置特定機能

「住所で指定された目的地の場所を検索したり，指定位置の住所を把握するために，住所に位置の情報を相互変換する処理である．実際には，場所を特定するための情報としては，住所だけではなく，郵便番号や電話番号なども用いられる」[1]．

住所・位置特定機能（geo cording）は GIS においても必須の機能である．所有物としての土地を管理するために「地番」が用いられている．また，「配達」は住所の管理によって実現される．かつては「郵便」がその主役であった．住民基本台帳も「住所」で管理されている．この住所の表記方法は管理者（自治体）の数だけあるといわれる．すべての道路に道路名称が付与されて，住所表記に活用されている国とはやり方も大きく異なる．デジタル地図を参照する上で，この住所を地図の座標値に変換できると便利である．これが住所・位置特定機能である．

コンピュータで管理するには数値化や記号化されている方が便利である．現在日本で使用されている郵便番号は7桁で，住所の文字表記部分をカバーしている．したがって，住所をテンキーのみで入力することが可能になっているわけである．ただし，集合住宅などではさらに○○号室のような付加的な管理が必要になる．一方，宅配業者やカーナビゲーションシステムでは，電話番号から住所を参照するケースも多い．市外局番から数えると 10～11 桁あり，7桁の郵便番号よりもピンポイントで特定できる．しかしながら，携帯電話の普及により固定電話回線を保有しない世帯も増加傾向にあって，独自の顧客データベースの整備に依存することも多くなってきたようである．

英国（ロンドン）では，6桁の郵便番号がエリア（ブロック）を示す記号と建物を特定できる解像度をもっている．多くの建物で見えやすい位置にこの番号がかなり大きく掲げられており，観光客でも頼りにできることを付記しておく．

3.1.6 サービス情報参照機能（location reference）

「カーナビゲーションシステムで必要とされるガソリンスタンド，サービスステーション，レストラン，目標物などの位置とその内容を参照するデータベース検索機能である．地図供給会社が独自に収集する情報に依存するため，データに特徴がある」[1]．

世の中には多くのサービス情報が存在している．しかしながら，デジタル地図に便利な緯度・経度で位置が管理されているケースはまれである．前述の住所・位置特定機能で緯度・経度が得られる場合に限りデータとして格納可能になる．データ量が多いのが職業別の電話帳データである．職業分類がジャンルとして利用でき，階層型の検索機能を実現する．電話帳データの難点は，住所の整備基準が「郵便物が届く」レベルであり，住所・位置特定機能を利用できないデータがかなり混在している点であろう．

CD-ROMなどの固定メディアに格納していた時代は，情報の陳腐化が課題であったが，通信機能が使えるようになると，今日オープンした店舗のような新鮮な情報が求められる．一方，広告などの旬な情報を含めて付加価値化することも可能であり，これは最も進化が期待される機能かもしれない．

3.2 カーナビゲーションの発展

GPS衛星との連携がカーナビゲーションシステムを実用的なものにし，ベクトル形式のデジタル地図との出会いがその発展に大きく寄与した．

当時のカーナビゲーションシステムのハードウェア（CPUやメモリ）はパソコンに比べて非力であった．地図開発会社の高性能ワークステーションで「絵」に加工してCD-ROMに格納していたが，これは，装置上での描画負荷を下げていた．

デジタル地図が応用されたカーナビの進化は次のように整理できる．

1990年	GPSカーナビが市販される
1991～92年	経路計算機能，音声誘導機能が実現
1992年	複数枚のCD-ROMを自動でかけ替えるチェンジャーが登場
	ICカード機（32枚）も登場
1995年	「バードビュー」表示登場
1996年	渋滞情報サービス「VICS」開始
1997年	DVDカーナビ登場
1999年	3D表示始まる

パソコンやゲーム機の歴史と重ねてみると，いかに非力なCPUパワー，そして記憶容量が少ない時代に進化を遂げてきたかがわかる．

低容量での収録を可能にするには，ベクトルデータ化が有効である．また，表現のバリエーションがソフトウェア次第となり，これはバードビューや3D表示を可能にした．一方，データ整備が進み爆発的に増大したコンテンツをメディアに収録できない事態が常態化しており，オーサリングエンジニアの技術的課題はデータの間引きやフォーマットの圧縮といっても過言ではないだろう．さすがにDVDになれば余裕があると思われたが，すぐさま2層化が必要になった．地図データばかりではなく検索データも増大したが，実は，意外と容量が大きくなったのはリアル音声データである．

これは，音声誘導機能のリアリティを追求した結果である．道路データから都市地図(1/2,500縮尺で家形も表現)も収録するようになって地図データは爆発的に容量が増えたが，走行時はそれほど詳細な情報があっても有効に活用できないことから頭打ちになった．その後，ハードディスクを記憶メディアとして活用するようになると，またこの上限が取り払われ，今度は3D地図がコンテンツとして採用されるようになる．

これらは，GISが先行する機能の活用である．パソコンでも音声読み上げなどは早い時期から応用されている．

GIS技術と重なるこれらの技術に対して，実はカーナビゲーションシステムがここまで成長した理由として"VICS"の存在があげられる．"VICS"は渋滞情報をFM電波や道路からのビーコンによって受信し，カーナビゲーションシステムの地図上に渋滞の様子を表示するものである．地図の上に情報を視覚的に表現するのはGISが得意とするところである．これが，GISと少し違って見えるのはデータがリアルタイムであるからである．携帯電話の普及とともにデータ通信が発達し，リアルタイムな情報を得ることも可能になってきた．その1つが天気予報である．到着地の天気予報などは，意外とニーズが高い．これからは，このリアルタイム情報が「カーナビ」ビジネスにおいて重要な役割を果たすのは間違いないだろう．

カーナビゲーションシステムは，自車の移動とともに地図が動くことが地図を楽しいものにしている．リアルタイム情報によって時々刻々地図が変化するとさらに楽しいものになるはずであるが，カーナビゲーションシステムではあまり視覚に訴えることができない．そこで，見せるだけでなく何らかの情報として提供するよう工夫する必要がある．わかりやすい例が渋滞回避機能である．常時，渋

滞情報を得ながら，目的地までの最適解を探し続けている．目的地に着くまで最適解を求め続ける行為は人間にはできない．今までは，「候補ルートが見つかりました」というようなメッセージで伝えられるが，ただ渋滞を回避するだけでなく，「ちょっと良いところが見つかりました．回り道しませんか？」と提案してくれる，そんなカーナビゲーションシステムが評価されるようになるのかもしれない．

3.3　2Dと3D

コンピュータ内では，道路ネットワークという線で囲まれた面の上を誘導するのがこれまでのカーナビゲーションであったため，2D（2次元＝面）で十分であった．この2Dの地図から実空間を想像する能力には個人差がある．一般的に女性の方が男性より不得意とされている．

これは，女性のほうが方向音痴の傾向があることと関係があると思われる．これを解決する，現実感に近い描画方法として3D表現が注目される．3D表現に限らず，機械が苦手な女性や，お年寄り，障がい者にやさしい表現が研究されるべきである．「GIS」に対しては専門家向けのイメージが強く，一般の支持を集めるには家電製品のような使いやすさの追求が重要になる．

2Dに比べて3D表現では，演算量が増えることから，CPU性能の向上は重要な要素である．また，3Dコンテンツの情報量の多さにも耐えられるストレージも欠かせない．

3.4　ポータブルカーナビ（パーソナルカーナビ），ケータイナビ

車載ナビとして進化してきた日本のカーナビ業界であるが，近年変化の兆しが見え始めている．それは，高性能パソコンが10万円を切ってきたなかで，20万円以上と高止まりするカーナビゲーションシステムは，一部のマニアに好まれる特殊な商材となり始めたことである．2極化が進みつつある．大衆消費財としてポータブルカーナビ（欧米ではパーソナルカーナビと呼ばれる）の市場が大きくなってきている．

日本では特に「TVが見られないカーナビは売れない」とか「オーディオ装置

としての機能を持っている高級ナビ」を求めるのに対し，世界的にはカーナビしかできない「ポータブルナビ」などが主導権を得ようとしている．そして，高性能なケータイ電話機のアプリケーションとしてナビゲーションアプリの搭載が進む．この背景に見え隠れする重要なキーワードに「標準化」がある．当初は独自色を出す狙いから地図のフォーマットは各社各様で統一は難しいとされながらも，自動車会社の強い要望で標準化が始まった．「KIWIフォーマット」と呼ばれ，ISO化には至らなかったが事実上の標準になった．

現在も世界が1つのフォーマットに統一されているわけではないが，ベースが定まっていることから，協業のしやすさなどから総コストの低減，技術リソースの有効活用と見えにくいところで効果が出ている．OSなどのプラットフォームが統一される傾向にあって，アプリケーションベースの標準化も少しずつ進展している．

ところで，カーナビゲーションシステムの技術をもとに「歩行者ナビ」が構想されるのは自然の流れである．しかしながら，カーナビゲーションシステムと同じ感覚で捉えることはできない．一番の課題は「制約の大小」である．車は危険から守るために道路交通法などによって強い規制が行われている．一方，歩行者は比較的自由であり，気分によってルートを比較的自由に選択する．障害をもつ人が，その「制約」から解かれてより安全なルートを選択するなどの効果は実証されているが，健常者の「歩行者ナビ」のあり方はまだまだ研究の余地が大きい．特に3D的な地物表現や建物等の構造物表現と建物内の測位技術の発展が重要であろう．

3.5 ナビゲーションは目立つべきか

さて，カーナビゲーションシステムは，表現方法として地図を前面に出している．これは，数あるアプリケーションでも珍しい部類ではないだろうか．地図が好きな人にとってはそれだけで楽しい存在といえるが，利用者すべてが地図好きとは限らない．どちらかというと，地図をドライバーに見せることでドライバーの知識と能力でナビゲーションとしての能力不足を補っているシステムである．地図は詳細化されてもドライバーには詳細地図をすべて見せていない事実が示すように，地図で解決できることは限られている．ハードウェアの性能が高くな

り，通信機能を備え，その通信コストも限りなく無料化が進むことが容易に予測できる現在において，今後カーナビゲーションシステムはどのような進化を遂げるのであろうか．

現在のカーナビゲーションシステムは，音声機能が充実している．助手席が空席だと寂しいので，きれいな声で語りかけてもらうという売り文句もある．そのための音声データが地図データよりもはるかに容量が大きいことからも音声を重視していることがわかる．

運転中に地図を凝視するのは危険なので，音声による誘導は意味があるが，しかし，うるさく感じることはないだろうか？

カーナビゲーションシステムを「GIS」とみなすなら，世界の中で，日本のそれは最も「うるさいGIS」かもしれない．もっと，静かにナビゲーションすることはできないのだろうか．もしかしたら，間違ったとき/間違いそうになったときだけ「こそっ」と教えてくれるようなナビゲーションシステムがあってもよいのではないだろうか．そもそもナビゲーションに地図表示は必要なのだろうか？

ナビゲーションが完璧だったら地図表示は要らない．「GIS」が地図に拘っているとするとカーナビゲーションシステムの進化に「GIS」はついてはいけないのではないか．地図データも含めて，情報を地図上に集めるところまでは従来通りであっても目的によっては地図以外の表現方法が求められる．この世界を「GIS」がどう見るのかが今後の発展に大きく寄与すると思われる．つまり，今後の家電商品はこれまで培ってきた多くの技術や経験を基に，直感的でわかりやすいユーザインターフェースを考案し実装してくると予想されるが，そこにどのような成果を提供していくのかを「GIS」のアウトプットとして位置づけないと，「GIS」は情報収集と整理，分析のツールでしかなく，一般人が活用する家電商品の中に溶け込んでいくことは期待しにくい．

3.6 静的コンテンツから動的コンテンツへ

カーナビゲーションシステムは，移動体ビジネスのジャンルに位置づけられるが，実は扱っている情報は静的なコンテンツであった．したがって，CD-ROMなどの固体記憶メディアに格納することができた．CD-ROMからDVD-ROMへと媒体の容量が増す傾向にあって大容量のハードディスクが採用されるように

なったが，ハードディスクの書き換え可能という特性は活用されてこなかった．それは，そもそも静的なコンテンツであったことを物語る．一方，動的なコンテンツを扱うには通信機能が必要になる．無線通信機能が急速に発展する今後10年において，コンテンツのこの動的化が注目を集めるであろう．

そもそも，地図は，変化が激しいことから準動的なコンテンツといえる．昨今の技術開発の話題は地図の書き換え方式に集中している．

すでに登場したVICSと呼ばれる渋滞情報は，この動的なコンテンツの代表格であった．カーナビ市場を飛躍的に大きく成長させた立役者である．テレマティックス技術と呼ばれて久しいが，今後はいろいろなコンテンツやサービスが無線通信技術を媒介として発展すると思われる．動的なコンテンツはリアルタイムコンテンツともいわれ，フローな情報として認識されやすい．しかし，VICS情報もそうであったように現在の情報を蓄積しておき，過去情報として参照することによって未来を予測するような活用方法が期待される．

現在は，統計的手法による予測であるが，地理的条件を加味した予測技術が開発されるのも時間の問題と思われる．「GISエンジン」はこのような地理的条件を加味した予測技術などを開発する基盤として整備されるべきであろう．

[野崎隆志]

引用文献

1) 角本　繁編著・Kiwi-Wコンソーシアム著（2003）：カーナビゲーションシステム―公開型データ構造KIWIとその利用方法―（時空間GISと応用シリーズ），共立出版．

4 スポーツとGIS

　スポーツにおいて，選手・出場者や観戦者・応援者は空間を移動し，交流や試合を行う．ベイル (Bale)[1] は "*Sports Geography*" という著書の中でスポーツでの地理学の利用について多方面から述べている．スポーツの領域では，レジャー・レクリエーションの分野まで含めると，公園に関してのマーケティング，立地選定，管理運営などでGISの利用が比較的多いものの[2〜5]，他の分野での利用は限られており，研究の題材として取り上げられることが少なかった．

　スポーツのチームや団体にとって，空間や立地は地域密着型を志向するうえで重要な意味をもつ．GISは位置に規定された現象を表示・分析するツールであることから，スポーツ分野では，位置・場所や移動の側面からGISの利用が考えられ，GISのもつ潜在的な可能性は他領域と比較しても大きい．

　GISを利用してのスポーツに関わる諸事象をさぐる取り組みにおいて，以下のようにさまざまな対象とアプローチの仕方が考えられる．

- スポーツやレジャー・レクリエーション施設の立地分析および適正配置
- スポーツ施設の利用行動分析
- スポーツ施設の商圏および誘致圏の分析
- スポーツイベントの参加行動および観戦行動分析

　スポーツに関するGISの研究や応用例は数少ないが，最近の研究成果や事例をもとにスポーツ分野におけるGISの関わりについてまとめた．本章では，筆者らが行ってきたGISを使ったスポーツ施設に関する空間分析研究の成果の一部を軸に，GIS技術のスポーツ分野での利用について総説する．

4.1 スイミングスクールの商圏・バスルート

　本節では千葉県M市に位置するKスイミングスクール（以下Kスクール）を例に，会員名簿，スクールバス利用者名簿などをもとに，ArcGISを利用して商圏およびバス利用圏の分析を紹介する．

　まず，国土地理院発行の「数値地図2500（空間データ基盤）」を利用して，ArcGISで利用可能な千葉県M市のベースマップを用意する．このマップには町丁目・字界，河川，鉄道，駅，街区，道路，公共建物が含まれている．町丁目・字別の人口データをM市のホームページで「デジタル資料館」→「人口・統計」と進み，「M市年齢階層別人口統計表（町丁字別）（エクセル形式）」をダウンロードして，住民基本台帳から作成した町丁目・字別の5歳区分の人口を入手する．このデータから，スクールの対象とする年齢帯（0～19歳）の町丁目・字別人口を求め，「テーブル結合」により，町丁目・字レイヤに人口を付加する．続いて，Kスクールの会員名簿（会員番号，住所，性別，年齢，クラス名），スクールバス利用者名簿（会員番号，乗車バス停，利用する曜日・時間），3路線のバスルート地図（市販の地図上に停留所とルートが付加），それに各ルートの運行時刻表をスクール側から入手する．

　「CSVアドレスマッチングサービス」（東京大学空間情報科学研究センター）を利用して会員の住所を経緯度座標に変換して，会員住所レイヤを作成し，会員およびバス利用者の分布図を作成する．図4.1は会員の分布を示している．

　Kスクールを中心とした1,3,5 kmの円を描いて距離圏レイヤを作成し，距離圏ごとの会員数を抽出する．ArcMap上のTOC（テーブルオブコンテンツ）で距離圏レイヤを右クリックし，「テーブル結合とリレート」-「テーブル結合」をクリックし，距離圏レイヤのテーブルに会員住所レイヤのテーブルを結合する．距離圏ごとの会員数が集計される．全会員（1750人）中，1 km圏内に626人（35.8%），1～3 km圏内に988人（56.5%），3～5 km圏内に102名（5.8%），5 km圏外に34名（1.9%）の会員が含まれた．会員はM市内が1,710人と全体の97.7%を占めている．したがってM市内の施設から3 km圏内を商圏とみなして十分といえる．

　次に，携帯型GPS（GARMINのGeko 201）をもってスクールバスに乗車し，バスルートの軌跡と停留所の位置に関するデータを取得する．バスルートは3路

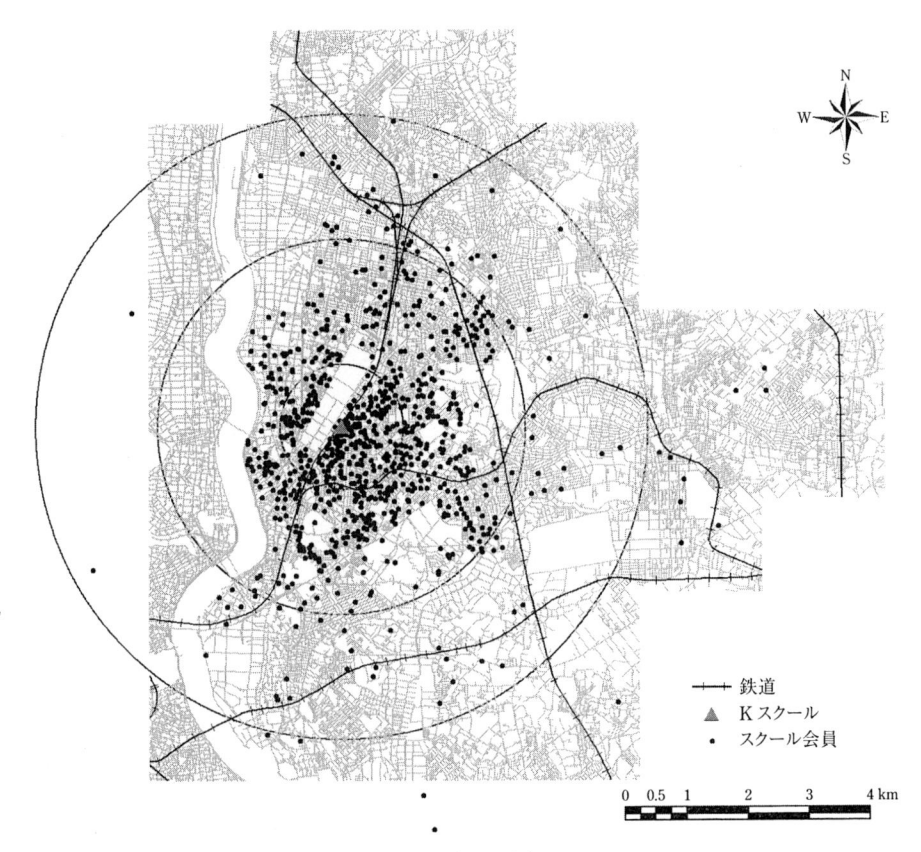

図 4.1 会員の分布図

線あって,距離は 12〜13 km,走行時間は 45 分前後に収まっている.取得した位置情報からバスルートとバス停の分布図を作成する.各停留所には乗車する会員のデータを付加する.GPS で取得したデータは経緯度,時間,高度,移動距離からなる.これらのデータを CSV 形式に変換し,バス停を点レイヤに,バスルートを線レイヤで表示する.具体的には,GPS で取得した位置情報をフリーソフト「カシミール 3 D」で読み込み,TRK 形式でバス停とバスルートの 2 つのファイルとしてエクスポートし,それらをさらに CSV 形式に変換する.CSV ファイルで位置情報は度分秒単位の経緯度なので,GIS で表示するため,十進法単位の経緯度に変換する.続いて,これらの CSV ファイルを,GIS ソフト「地

4. スポーツと GIS

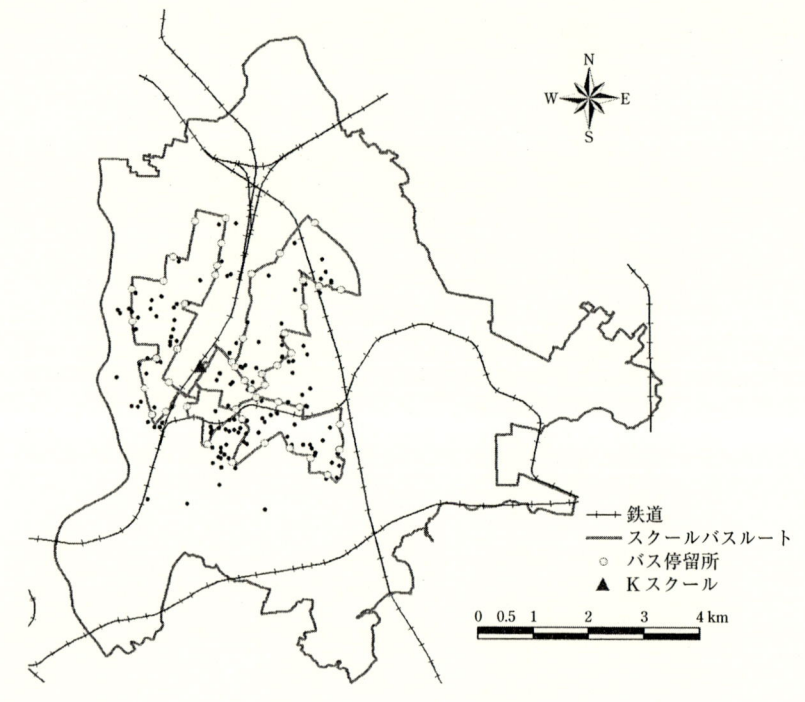

図 4.2 バスルート・停留所地図

図太郎」を使い,「ツール」-「ユーザレイヤにインポート」で点データと線データとして取り込み,地図上にポイントとラインで表示した後, shape 形式のファイルとしてエクスポートする.図 4.2 は M 市の市界,鉄道,バスルートおよびバス停を地図で示している.

　町丁目・字ごとの会員数を集計する.「テーブル結合」を使って,町丁目・字レイヤと会員住所レイヤのテーブルを結合する.各町丁目・字ごとに含まれる会員数がカウントされる.「町丁目・字別参加率」という新規レイヤを作成する.このレイヤに「sankaritu」という参加率のフィールドを追加し,会員数を 0～19 歳人口で割って参加率として,このフィールド上に表示する.図 4.3 は M 市における K スクールの参加率の分布を示している.円は K スクールから 1, 3, 5 km 圏を表している.参加率は,施設のほぼ 1 km 圏内に収まり,10% を超えている. 1% 以上の地区はほぼ 3 km 圏内に収まり,3～5 km 圏ではほとんどの地区で

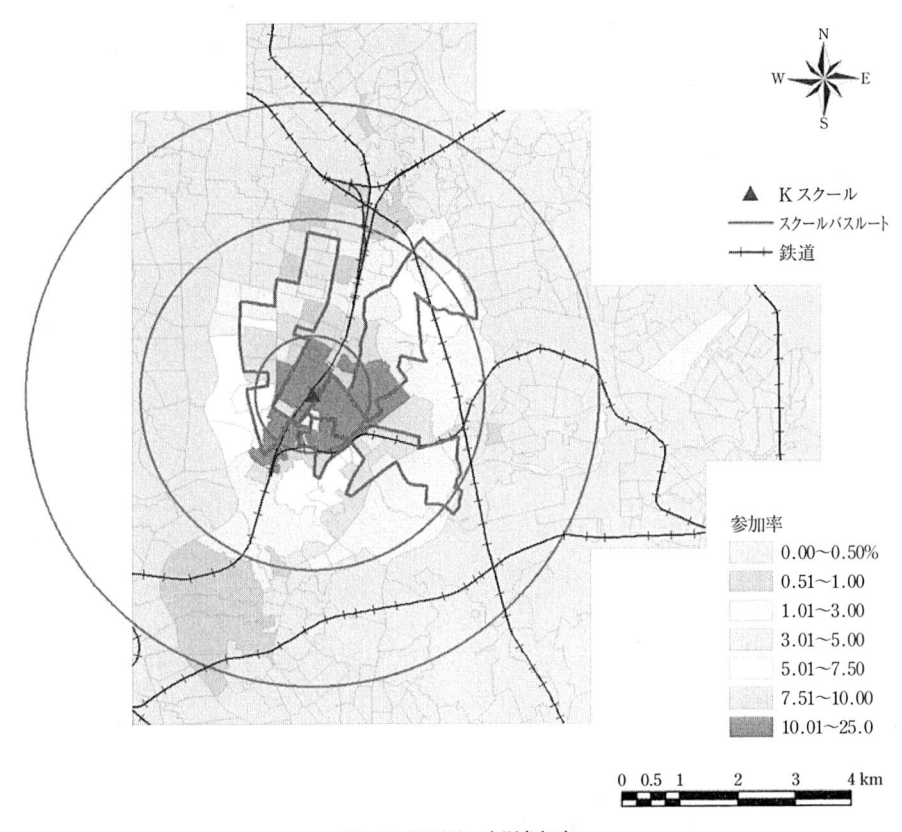

4.1 スイミングスクールの商圏・バスルート

凡例:
- ▲ Kスクール
- スクールバスルート
- 鉄道

参加率
- 0.00～0.50%
- 0.51～1.00
- 1.01～3.00
- 3.01～5.00
- 5.01～7.50
- 7.51～10.00
- 10.01～25.0

図 4.3　町丁目・字別参加率

0.5%を下回っている．スクールバスのルート沿いで参加率は比較的高いことが注目される．

次に，ArcGISのエクステンション機能「Spatial Analyst」のメニューから，「密度」を選び，「カーネル」によるKスクールの会員密度地図を作成する．入力データは「スクール会員」，「フィールド」には「none」を指定する．「密度タイプ」では「カーネル」を選び，「面積単位」を「平方キロメートル」とする．図4.4はグリッドに変換した会員密度を示している．この図をみると，鉄道路線東側の施設周辺，すなわち1km圏内かつ線路の東側が高密度地区を形成している．これに続いて施設の東南方面で密度が高い．一方，施設の北側では密度は低い．施設の北側約2kmと3kmあたりに競合が2施設立地していることが低密度の

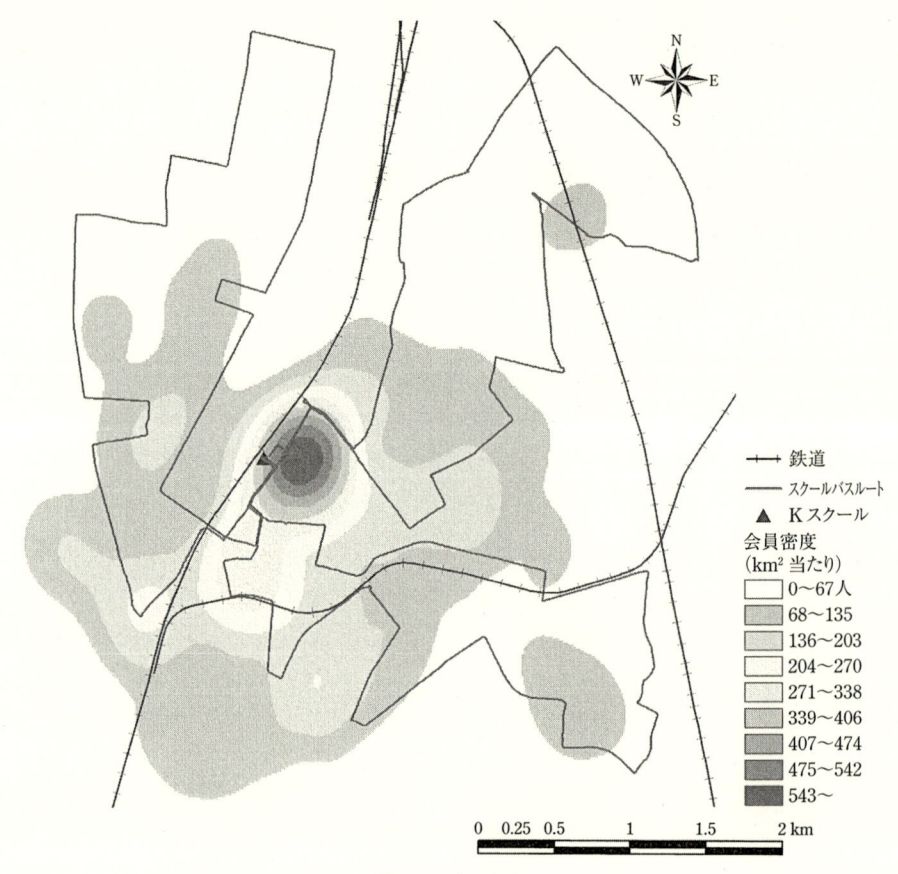

図 4.4　会員密度

凡例:
- 鉄道
- スクールバスルート
- ▲ K スクール

会員密度（km² 当たり）
- 0〜67人
- 68〜135
- 136〜203
- 204〜270
- 271〜338
- 339〜406
- 407〜474
- 475〜542
- 543〜

原因の1つと考えられる．K スクールにとって鉄道線路と競合施設は集客面で大きな障害物となっていることがわかる．

次に，スクールバスの停留所（47か所）の分布に対し，ボロノイ分割によりティーセン・ポリゴンを生成し，バス停ごとの勢力圏を把握した．「Spatial Analyst」から「距離」-「アロケーション」と進み，「ソースデータ」で「バス停」を指定し，他の箇所は変えずに実行する．ボロノイ分割の結果が表示される．出力ファイルはラスタ形式なので，これをポリゴンファイルに変換する．「ArcToolbox」で「Conversion Tools」を選び，「ラスタから変換」-「ラスタ→

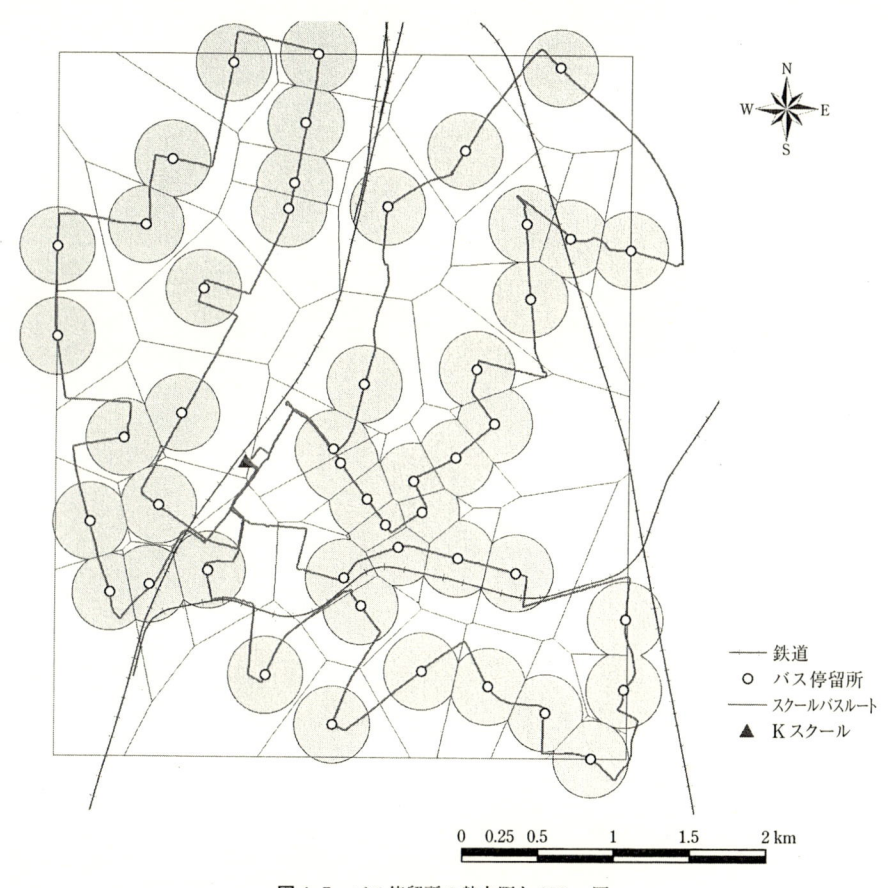

4.1 スイミングスクールの商圏・バスルート

図 4.5 バス停留所の勢力圏と 250 m 圏

ポリゴン」で，ラスタファイルからポリゴンファイルを生成する．さらに各停留所の 250 m 圏バッファも生成する．図 4.5 より，施設の北側では 1 つの勢力圏が広く，バス停から 250 m 以上離れた地域が多くみられる．逆に東側では，これらの地域は比較的少ないことがわかる．

図 4.6 はバス停ごとの利用者数を棒グラフで示すとともにバス停の 250 m 圏とバス利用者の住所を示している．バス停別の利用者は最多で 17 人，最少で 0 人，平均 5.0 人，標準偏差 4.3 人とばらつきが大きい．また 47 か所のバス停で利用者ゼロが 6 か所もある．ルート別のバス利用者をみると，鉄道線路の西側方

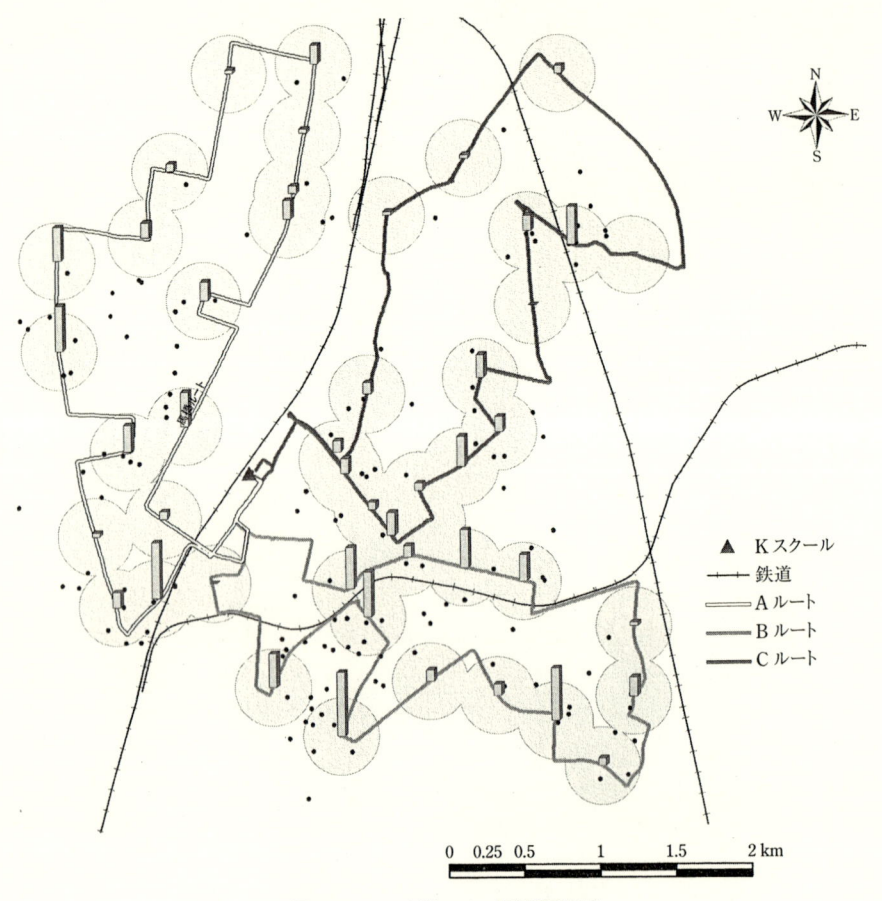

図4.6　ルート別のバス停留所利用者

面のAルートで84人，施設の南東方面のBルートで97人，施設の北東方面のCルートで56人である．Cルートの利用者は他の2ルートと比べて際だって少ない．Bルートは停留所間での利用者のばらつきが比較的小さい．全体的に，施設から近いもしくは遠いバス停は利用者が少ない．バス停から250 m圏内のバス利用者（133人）はバス利用者全体（237人）の56.1%と半数強がバス停から直線で250 m以内に居住している．バス利用者は237人で全会員の13.5%にとどまっている．また，バス停の250 m圏内に居住する会員（739人）の18.0%しかスクールバスを利用していない．施設近辺ではバス停の250 m圏内にあっ

ても，バスを利用するよりも自家用車や自転車での送迎が多いことが予想される．このことを考慮してもスクールバスの利用率は非常に低い．以上から，スクールバスの運行は集客面ではそれほど貢献していないと思われる．

4.2　フィットネスクラブの参加率の距離減衰効果

　首都圏の駅前住宅地に立地するフィットネスクラブ8施設（某フィットネスクラブチェーンに所属）を取り上げ，クラブへの参加率と距離の関係についてGISを用いて以下のように考察した[6]．
　① 研究地域の範囲を設定するとともに，② 直線距離を施設からの距離として使用することが妥当か，③ クラブへの参加率の距離減衰効果について，3種類の関数（直線，指数，対数）を用いてモデル式をそれぞれ表すとどの関数が最も適切か，④ 最も適切な関数を用いると参加率は距離要因によってどの程度説明されるか，⑤ 研究地域を施設からの方位別で4区分すると説明力はどれほど高まるか．
　次の手順で分析を進めた．①において施設から1～5 kmの圏内における会員数の割合を計算する．②では直線距離と道路距離の相関係数を求める．③では線形関数と非線形関数（指数，対数）のそれぞれについて単回帰分析を用いる．④では単回帰分析を行う．⑤では方位別で単回帰分析を行う．
　研究地域の設定にあたり，施設を中心とした半径1～5 kmまで1 km間隔で5つの円を描いた．それぞれの圏内に含まれる町・字に居住する会員数を求め，会員数合計に占めるそれらの割合を計算した．全クラブとも5 km圏内に全会員の約8～9割が収まるので，研究地域を5 km圏内と設定した．
　次に，距離として簡便な直線距離を利用することの妥当性を探った．空間における距離はいくつか考えられるが，2地点間を最短で結ぶ経路としての直線距離つまりユークリッド距離であると計測が簡単で，定式化しやすく入手しやすい点から用いられることが多い．一方，ネットワーク距離は，2地点間を結ぶ複数のネットワーク経路の中から最短経路を選びその距離（道路距離）や移動時間（時間距離）を求めることで得られる．都市内での2地点間の移動は，実際には双方を最短で結ぶ道路を通る．道路距離はこの最短経路を計算することで求まる．しかし，時間距離は，地点間の移動手段（徒歩，自転車，自動車など），それに道

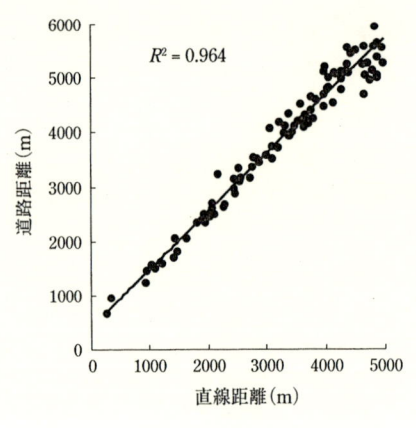

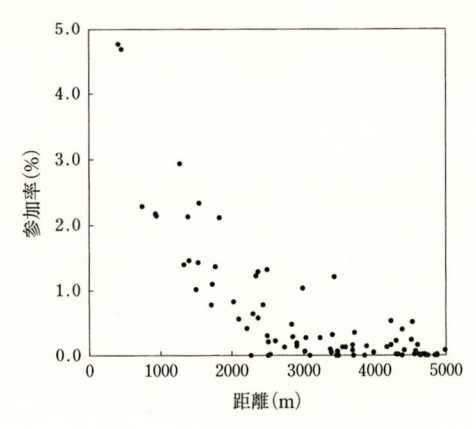

図 4.7 A店における直線距離と道路距離　　　**図 4.8** A店における距離と参加率

幅・通行規制・制限速度などを考慮しなければならず，測定が複雑で非現実的である．ここでは，最短経路から求められる道路距離，それに最短の直線で結んだ直線距離の2つを用いて，両者の関係を明らかにした．続いて，簡便な直線距離を距離データとして使用することの妥当性を検討した．

任意の2地点間の移動は最短で結ぶ道路を通っても，道路距離は直線距離よりも長くなる．また，直線距離が伸びるにつれて道路距離も伸びていく．直線距離と道路距離はある種の比例関係にあると考えられる．そのため，直線距離と道路距離の相違がそれほど大きくなければ，簡単に求まる直線距離を距離として用いることが可能となる．そこで，GISの「時間・距離計算」機能を用いて，フィットネスクラブと研究地域内の町・字の中心点を結ぶ直線距離と道路距離を計算し，両者の相関関係および両者の平均値の比を求め，直線距離で道路距離がどの程度説明が可能かを探った．

図4.7はA店について道路距離と直線距離をプロットし，両者の関連の強さをみたものである．この施設の決定係数は0.96と関連が非常に強く，道路距離は直線距離によってほぼ説明された．他の7施設の決定係数も0.89～0.98という非常に強い相関がみられた．直線距離は道路距離に対してかなり強い説明力をもち，両者の比率は狭い範囲内に収まった．よって，簡便で求めやすい直線距離を距離データとして用いることとした．

各施設について町・字単位の参加率（会員数を総人口で除した百分率）と距離

4.2 フィットネスクラブの参加率の距離減衰効果

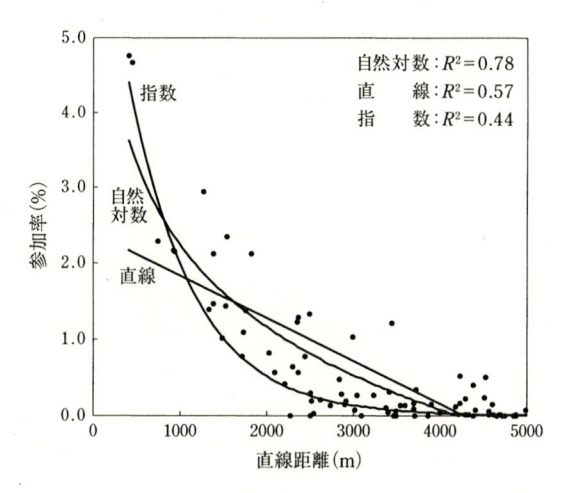

図 4.9 A 店における距離と参加率の関係への関数の当てはめ

（以下，直線距離を距離と呼ぶ）をプロットした．図 4.8 は A 店についてプロットしたものである．参加率は施設付近で高く，遠ざかるにつれて低下している．だが，距離が伸びるにつれて低下の程度は緩やかになっている．この特徴を備えた関数として，線形関数の直線と非線形関数の指数と対数が考えられる．そこで，参加率の距離減衰効果について，線形関数（直線）および非線形関数（指数，対数）をそれぞれ距離減衰モデル式に適用して回帰分析を行った．そしてどの関数だと，距離によって参加率を最も正確に説明できるかを明らかにした．図 4.9 は A 店について回帰直線，回帰曲線（指数と自然対数），それに決定係数を示したものである．得られた回帰式はすべてにおいて 1% 水準で予測の役に立つことがわかった．決定係数は，自然対数では 0.78，直線では 0.57，指数では 0.44 で，自然対数を用いた場合で最も大きい．つまり，距離の自然対数を説明変数とすると説明力が最も強い．残り 7 施設についても同様の結果が得られた．そこで，参加率の距離減衰モデル式に対数関数を用いた．

参加率を非説明変数，距離を説明変数として，自然対数を用いた単回帰式によって参加率の距離減衰を表した．施設からの直線距離が X m のところに位置する町・字からの参加率を y % とすると，

$$y = a \ln X + b$$

という距離減衰のモデル式が考えられる．a と b はともにパラメータで，a は距

離に伴う参加率の減衰率を，bは距離が1mのところが位置する町・字，つまり施設が立地する町・字住民の参加率の理論値を示す．この式の$\ln X$をXとすると，

$$y = aX + b$$

という1次式が導かれる．得られた回帰式はすべて施設において1%水準で有意と判断された．決定係数は0.53〜0.78と多少のばらつきがみられたが，距離で参加率の全変動の5〜8割程度が説明された．このように参加率は自然対数を用いた距離減衰モデル式によってよく説明された．施設からの距離はフィットネスクラブへの参加率を規定する大きな要因であることが明らかとなった．

施設の最寄り駅を通る鉄道路線が，A店，B店，C店，D店，F店，H店においてはほぼ東西に，G店においてはほぼ南北に，E店については東西-西北を貫いている．そこで鉄道路線を考慮して，研究地域を方位別に4区分してそれぞれでの距離減衰効果をみた．鉄道路線の方向を考慮して，E店は東南，西南，東

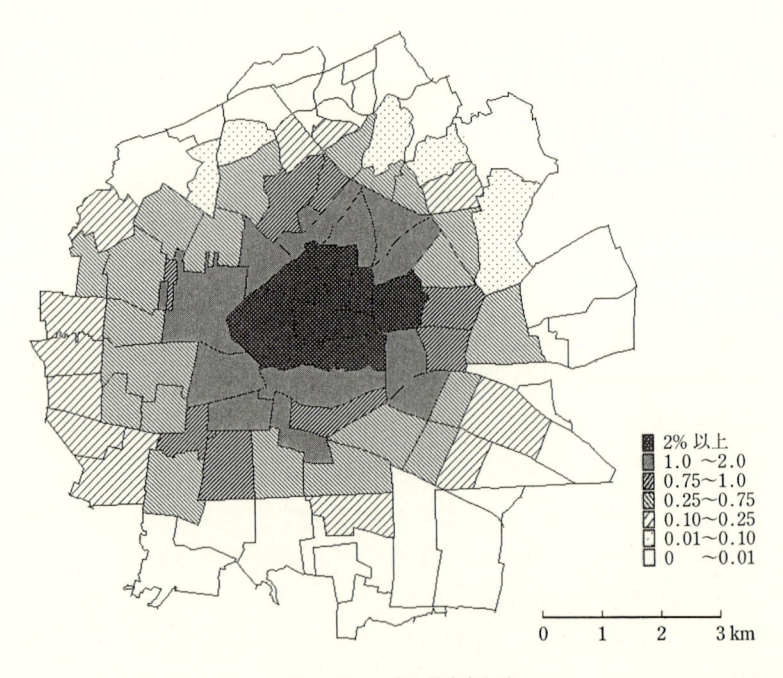

図4.10 A店の推定参加率

4.2 フィットネスクラブの参加率の距離減衰効果

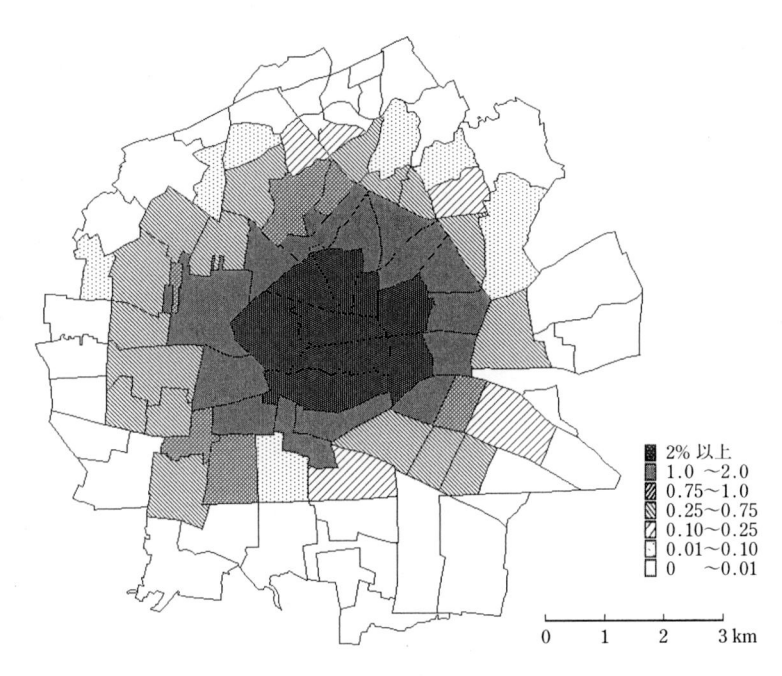

図4.11 A店の推定参加率（方位別）

北，西北に，残りの7施設については東，西，南，北にそれぞれ区分した．続いて，区分した地区別に参加率を非説明変数，距離を説明変数として，自然対数を用いた単回帰式によって参加率の距離減衰を表した．回帰式はすべてにおいて1%水準で有意と判断された．決定係数は0.63〜0.90で距離によって参加率の全変動の6〜9割程度が説明されたことになる．決定係数は研究地域を1つとしてみた場合よりも大きくなり，距離の説明力が高まることが認められた．

研究地域内の参加率の分布について，推定式から求めたものを地図上に表し，実際のものと空間的に比較した．図4.10と図4.11はA店について推定式から求めた全体と方位別の参加率の分布を表したものである．ともに図4.12で示す実際の分布をよく表しているが，方位別のほうがよりよく表していることがわかる．このように方位別に区分することで距離の説明力は上がった．しかし，距離だけを説明変数に用いるかぎり，方位別で推定しても説明力の向上には限界がある．

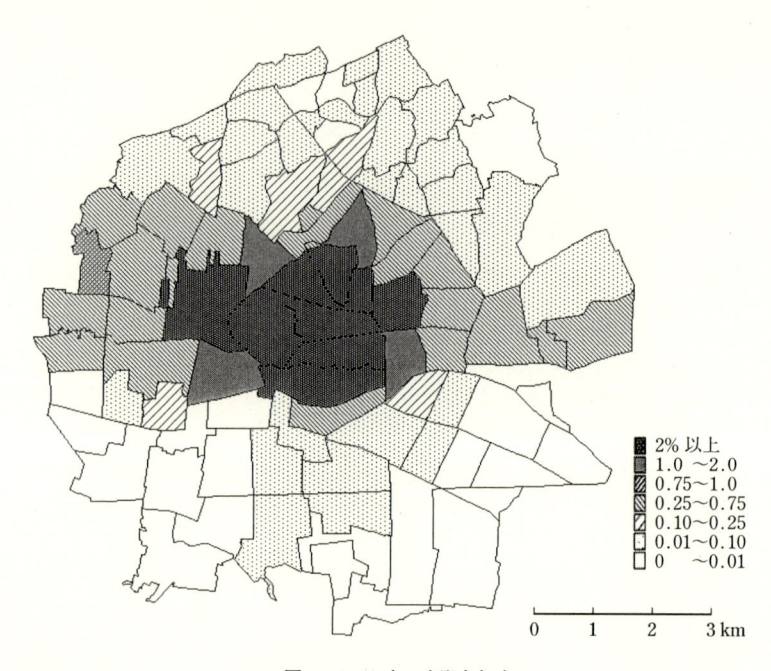

図 4.12　A 店の実際参加率

　以上の結果から，首都圏の郊外駅前に立地するフィットネスクラブにおいて，商圏や参加率を予測する際，次の 5 つを考慮に入れることが勧められる．① 商圏はほぼ 5 km 圏内．② 直線距離を距離データとして使用する．③ 鉄道路線と都心部の方向を考慮する．④ 施設からの距離が延びるにつれて参加率は対数曲線的に低下する．⑤ 距離で参加率変動の半分以上が説明される．

4.3　スポーツクラブ会員の時空間行動

　本節では，民間スポーツクラブ（東京都郊外の私鉄駅前）について，会員名簿，来館記録，それに利用者へのアンケート調査に基づき，施設利用に関する会員の時空間行動を探った[6]．使用したデータは，2001 年 6 月末の会員名簿，同年 7 月中の 1 週間（月曜は休館日なので 6 日間）の来館記録および同期間に実施した利用者へのアンケート調査である．アンケートではどこから来場し（出発地），利用後にどこへ行ったか（到着地），交通手段（自宅，学校，勤務先，その他），

4.3 スポーツクラブ会員の時空間行動　　63

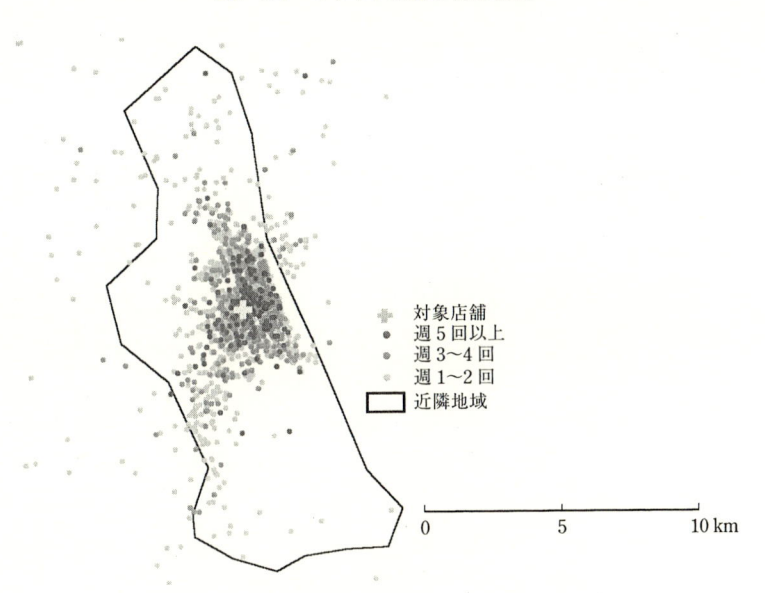

図 4.13　利用回数別の会員の分布（高見ほか，2001）[7]

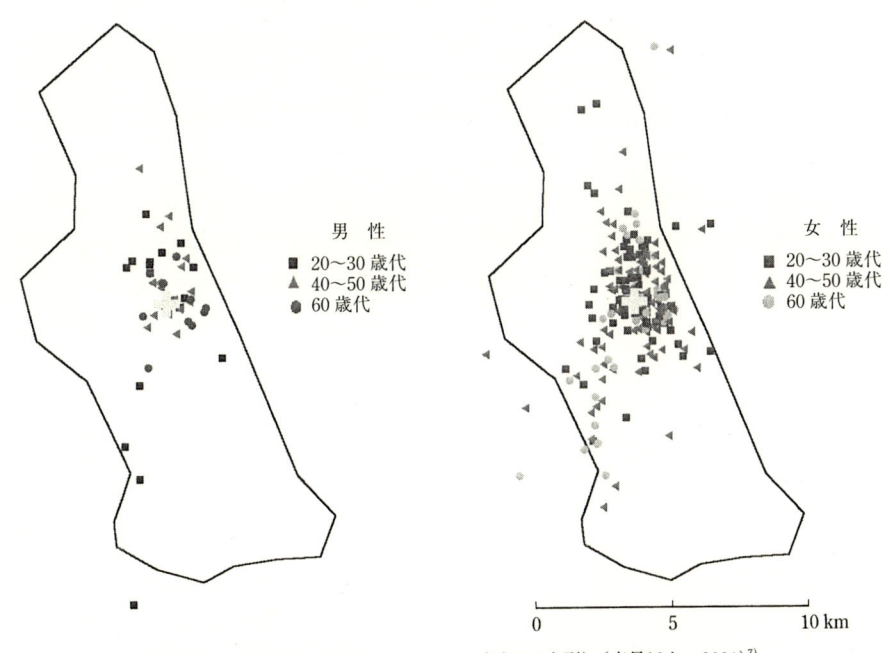

図 4.14　利用会員の分布：パターン A（平日日中型）（高見ほか，2001）[7]

属性（性別，年齢，会員種類，住所），利用プログラムなどを尋ねた．

来館（利用）回数別の会員の分布を図 4.13 に示す．凡例中の「近隣地域」は，対象店舗を含む自治体，およびそれに隣接する 4 自治体をまとめたものである．この図から，来館回数の多い会員ほど施設の近くに居住していることがわかる．

全来館記録（5,433 件）を曜日別，来場時間帯別，男女別で集計した．曜日による来館者数の偏りは小さいので，曜日を平日と土日の 2 つに区分した．平日では，10〜11 時台と 18〜20 時台で来館者のピークがみられた．土日では性別，時間帯，年代のいずれで区分しても大きな差異が認められなかった．そこで，来場者を A，B，C の 3 パターンのいずれかに割り当てた．

利用者の分布をパターン別・男女別で 6 区分して，図 4.14〜4.16 のように示した．パターン A は女性が圧倒的に多い．利用者は店舗近辺に集中して分布しており，近隣地域外からの比率は低い．パターン B では男女とも 20〜30 歳代の比率が高く，遠距離からの利用が多い．パターン C は男女とも 60 歳代は少ないが，20 歳代から 50 歳代にかけてまんべんなく分布している．

パターンごとの来館回数をみると，パターン A とパターン B では週 3 回以上がある程度存在するが，パターン C では半数以上が週 1 回の低頻度利用である．したがって，高頻度利用者は平日と休日の組み合わせでなく，パターン A もしくはパターン B の中で，同じような時間帯に来館していると推測される．

次に，パターン別で交通手段をみた．パターン A では，女性客，中でも主婦層と思われる 30〜60 歳代が多い．彼らの多くは店舗付近に居住しており，主要な交通手段は自転車である．つまり自宅から来て利用後も自宅に帰るという傾向がみられる．パターン B では，男性客の数が急増し，男女とも 20〜30 歳代が中心である．これらの利用者の中には勤務帰りが多く，主に電車を利用交通手段としている．施設から遠距離に居住している利用者もみられる．ヘビーユーザのほとんどはパターン A かパターン B に属する．パターン C では，時間帯・年代・性別ともに目立った特徴はないが，マイカーに乗って，店舗利用後に商業施設や飲食店などに出かける傾向がある．これは平日にはあまりみられない特徴である．

以上のように，会員に関する詳細なデータを入手することで，ミクロエリアにおける個人行動に着目した時空間分析が可能となった．実施プログラムへの参加状況やクラブ内の各施設の利用状況も分析項目に加えることで，より精緻な時空

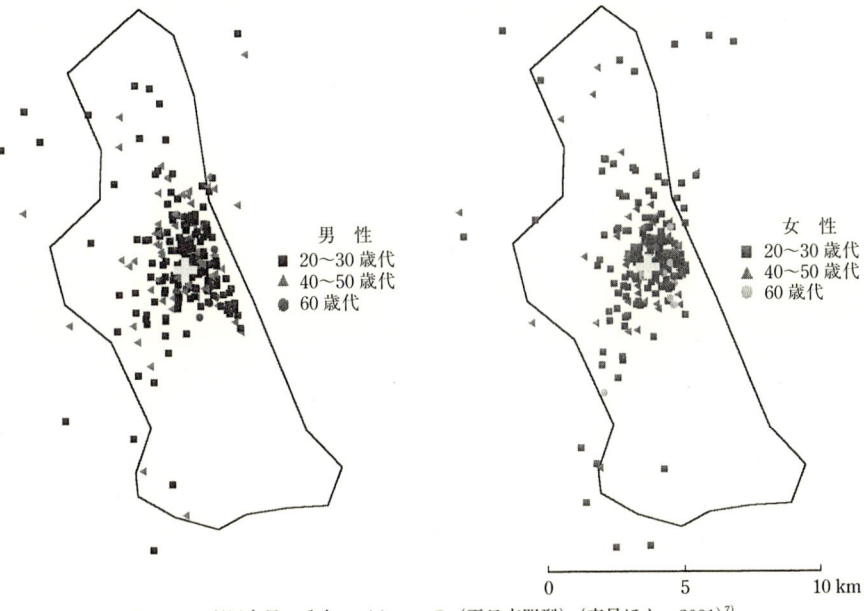

図4.15 利用会員の分布:パターンB（平日夜間型）(高見ほか,2001)[7]

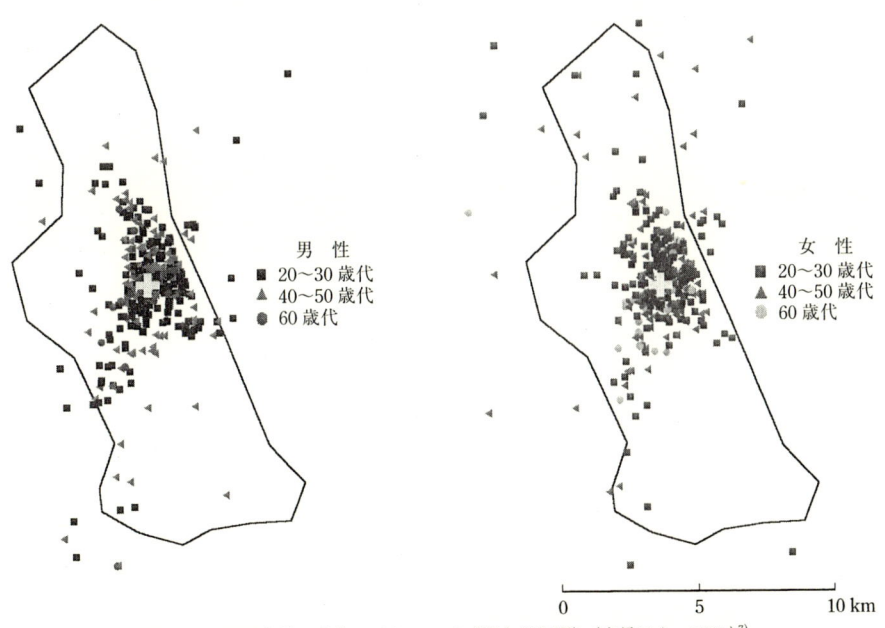

図4.16 利用会員の分布:パターンC（週末利用型）(高見ほか,2001)[7]

間行動モデルの作成が可能となる． [山﨑利夫]

引 用 文 献

1) Bale, J. (1989) : *Sports Geography*, pp. 1-6 , E. & F. N. Spon.
2) Nicholls, S. (2001) : Measuring the accessibility and equity of public parks : a case study using GIS. *Managing Leisure*, **6** : 201-219.
3) Wicks, B. E. et al. (1993) : Geographic information systems : a tool for marketing, managing and planning municipal park systems. *Journal of Parks and Recreation Administration*, **11** : 9-23.
4) 今岡芳子・後藤惠之輔 (2006)：GISとリモートセンシングを併用した都市公園の立地選定．環境情報科学論文集，**20**：373-378.
5) Abdullah, A. et al. (1994) : An integrated approach of AHP and GIS applications to analyze and develop recreational zoning. 日本建築学会計画系論文集，**463**：213-222.
6) 山﨑利夫 (2002)：フィットネスクラブにおける参加率の距離減衰効果に関する研究―大都市駅前住宅地の立地するクラブを事例として―．スポーツ産業学研究，**12**(2)：21-32.
7) 髙見健太郎ほか (2001)：スポーツクラブ会員の時空間行動分析．地理情報システム学会講演論文集，**10**：51-54.

5 市民参加型 GIS，コミュニケーションと GIS

　GIS の利用環境が整い，利用者が研究者や専門家から一般市民へ広がるにつれ，市民参加型活動の中で GIS を利用する機会が拡大してきた．すでに学会発表や，島根県中山間地域研究センター（http://www.chusankan.jp/）における「参加マップシステム」などの知られた事例だけではなく，各地でさまざまな取り組みが拡がっている．市民参加型 GIS に関する我が国の定義はまだ固まっていないが，ここでは広く市民参加型活動で利用される GIS を対象にしたシステムを「市民参加型 GIS」と呼ぶことにする．

　一般市民が GIS に触れる機会として最も大きいものは，カーナビゲーションを利用する場合と，インターネットを用いて住所の検索を行う地図検索システムを利用する場合であろう．カーナビゲーションも地図検索システムも，1990 年代に出現し，紙地図（本）に替わるものとして急速に広がり，2000 年当初には生活の道具として定着した．場所を探し，案内する機能をもつ GIS は，地域の情報を視覚化し発見し，地域について考えるという点からも，市民参加型活動と深いつながりをもつ道具となりうる可能性をもつものである．

5.1　わが国の市民参加型 GIS のきっかけ

　わが国の市民参加型 GIS の事例としては，1995 年の阪神・淡路大震災時に災害ボランティアがパソコン通信（ニフティ）を利用して交通遮断状況，避難場所で必要とされるものの情報発信を行った事例が最初であろう．インターネットの一般利用が拡大する以前であり，図 5.1 に示されるように，背景として利用された地図は，当時民間で流通されていた地図を利用し，その上にボランティアメン

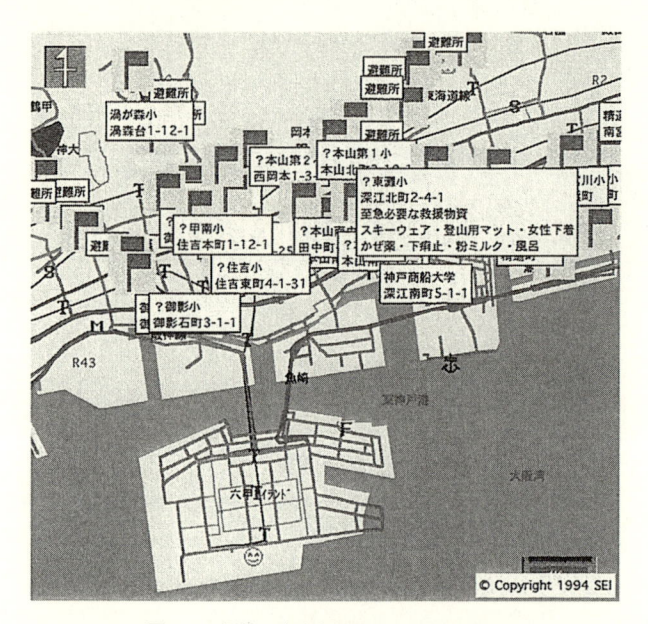

図 5.1 阪神・淡路大震災時の GIS 利用例

バーが避難場所を回り，必要なものを聞き，パソコン通信を行い情報発信したものである．呼びかけに応じた市民が参加し GIS を利用して情報発信を行った点で参加型 GIS と呼べるものであるが，すでにこのときに市民参加型 GIS が抱える課題が含まれていた．すなわち，この情報はボランティアメンバーが出力して，紙で避難所に貼って知らせたが，知っているのはきわめて限られた人だったという，① GIS 情報に対するアクセスの問題，② 情報の更新頻度に依存する，示された情報の信頼性の問題があった．また，このような出力ができる人はこの地図表示ソフトを利用していた人だけであるという，③ 広く使える地図データとツールの問題や，④ 専門家の関与の問題や，この活動が震災後約 1 か月で終了し，⑤ GIS 利用組織の継続性の問題も含まれていた．この課題が，現在どのようになったかは後に節を設けて検証することとする．

この阪神・淡路大震災を契機として，1998 年に特定非営利活動促進法（NPO 法）が成立し，さまざまな分野で市民参加型活動が生まれることとなった．GIS を用いた市民参加型活動についても，防災分野，環境分野を中心に，研究者・専門家が支援した市民の GIS 利用という形態の事例から，その後のインターネッ

トの利用拡大に合わせて WebGIS 中心の市民参加型 GIS へと拡がることとなった．

5.2 市民参加型 GIS の歴史

　改めて市民参加型 GIS の歴史について整理してみる．市民参加型 GIS については，GIS の利用が進み，市民活動の盛んな米国で活発に研究されてきている．2000 年頃には PGIS（participation GIS），あるいは PPGIS（public participation GIS）の概念が固まり，教科書[1]が出されるまでに普及した．この PGIS，あるいは PPGIS を市民参加型 GIS に対する言葉として用いるが，後述するように，その意味はわが国とは異なっている．背景の異なるわが国についても市民参加型 GIS のトピックを中心に紹介するが，米国に学ぶ点も多い．

　PGIS あるいは PPGIS の概念は，1990 年に米国で起こった有名な「GIS は，科学か」といった GIS 論争[2]に端を発している[3]．論争の内容については，本テーマとずれるので，「解題：GIS 論争」（池口）[2]を参照いただきたい．この論争の論点の 1 つに「GIS と社会」との関係が問われ，個人の GIS 利用の問題から組織の GIS 利用への問題へと発展し，この点を中心に 1996 年に NCGIA（National Center for Geographic Information and Analysis）に I-19 部会が設置された[3,4]．I-19 に設置されたワーキングのメンバーを中心に上記の議論が深まり，1998 年 10 月ワレニウス・プロジェクトとして NCGIA 専門家会議が開催された．地域開発，環境管理などの分野の事例や PPGIS の概念が報告され，その結果が教科書[1]として取りまとめられた．PPGIS はその後，URISA（Urban and Regional Information Systems Association）による国際シンポジウムが開催されているほか，PPGIS に関するポータルサイト"PPgis.net"（http://ppgis.iapad.org/）を通じて情報交換が行われている．

　Sieber[3]は，PPGIS について，単なる GIS ソフトウェアのアプリケーションではなく，もっと積極的に「① 地域社会や個人への権限の委譲（アウトリーチ）という点がシステムとして組み込まれ，意思決定過程における市民参加を促進する機能があり，② 地域社会の知識基盤としての性格をもち，③ GIS 情報に対する公的なアクセスを提供し，④ 市民の情報入力などの双方向性を提供し，⑤ GIS による地域の監視を許し，⑥ 地域のさまざまな知識を蓄積し，⑦ インター

ネットと融合する」といった社会システムのことを意味していることを指摘した．この点は，市民参加型 GIS が仲良しクラブの情報伝達の道具というよりも，市民参加型活動を公的な役割を担う組織へと発展させるシステムであるということを示したものといえる．また，今後の PPGIS について，Goodchild は PPGIS の教科書[1]の前書きのなかで，「個人のもつ感覚や知識の限界を越える手段として，地理情報のコミュニケーションや情報共有が非常に重要であり，コミュニティ活動の成功要因となる．また，GIS が真にユビキタスで使いやすくなれば，合意形成の道具として，強力な道具となり，その意味で市民参加型 GIS が非常に重要である」と期待を表した．

合意形成という手続きに関して文化や意識の異なるわが国と比較することはできないが，わが国の市民参加型 GIS の歴史は，GIS に関する政府の本格的取り組み[5]が始まった，1995年の阪神・淡路大震災以降である．政府は，社会基盤としての空間データ基盤の整備を中心に検討し，さまざまなプロジェクトを立ち上げたが，当初は市民参加型 GIS を本格的に検討することができなかった．

わが国の市民参加型 GIS に関連するトピックを以下に紹介する．1995年以来，市民参加型 GIS には，防災分野での利用が強く意識されているが，1998年になると福井ほか[6]は，市民の環境診断情報を WebGIS を用いて伝達するものを，川向ほか[7]は地域運営システムの一部に GIS を活用するものを報告するようになり，市民参加型 GIS 分野の拡がりを示している．当時の GIS 学会の大会講演論文を見ると，その後は学校教育分野での GIS 利用が拡大しているが，まちづくりなどにおける市民参加型 GIS の発表はみられなかった．この原因として，さまざまなものが考えられるが，市民参加型活動が意識的にも，経済的にも IT 技術と離れたところで行われていたというわが国特有の問題のためであり，現在でもその影響は残っているように思える．

2001年には真鍋ほか[8]による市民参加型 GIS の原型となる「カキコまっぷ」(http://upmoon.t.u-tokyo.ac.jp/kakikodocs/) が登場した．「カキコまっぷ」は，大きな地図（ガリバー地図）上に住民の意見を書いたポストイットを貼る様子をウェブ上に実現させた双方向の情報を可能にした初めての市民向け本格的 WebGIS であり，改良を続け現在に至っている．

2002年には，島根県中山間地域研究センターが開設され，WebGIS による教育分野，鳥獣分野，環境分野，地域活動分野における参加型活動の利用例が紹介

されるようになった．2003年にはNPOなどの団体が利用可能な国土地理院による「電子国土Web」(http://cyberjapan.jp/)の運用が開始した．2003年には，国土計画局による「GIS利用定着化モデル事業」(3か年)が開始され，この頃になってGISの市民参加型活動への適用が政府レベルで取り上げられるようになった．さらに2005年熊本県八代市の職員による，市民を対象にした地域SNS(ソーシャルネットワークサービス)にGISを組み込んだ，「ごろっとやっちろ」(http://www.gorotto.com/)が全国の注目を浴びた．

2005年は，Google社による地図API技術の公開が行われ，誰でも地図情報発信の時代に入った年であり，後述するようにさまざまな市民参加型活動に用いることが始まった．

5.3 市民参加型活動の置かれている現状

改めて参加型活動の置かれている背景を，国土審議会計画部会[9]による「中間とりまとめ」に従って整理すると，わが国は，「① 本格的な人口減少社会の到来・急速な高齢化の進展，② グローバル化の進展と東アジアの経済発展，③ 情報通信技術の発達により，経済社会情勢の大転換が起こっており，国民は，① 安全・安心，環境や美しさ，文化に対する国民意識の高まり，② ライフスタイルの多様化，『公』の役割を果たす主体の成長といった価値観の変化・多様化」が起こっていると記されている．

ライフスタイルの多様化は，職住間の距離の拡大により地域にいる物理的な時間の減少や，地域外の組織に参加していることによる，地域に割く心理的な時間の減少などが現れ，地域に対する関心が減り，自治会などの地縁型コミュニティ活動の低下をもたらしている．

「公」の役割を果たす主体の成長とは，このような弱体化した地縁型コミュニティの活性化が地域全体の活性化にとって不可欠であり，そのための施策を考えようとするものである．このような地縁型コミュニティの衰退とは別に，非営利の社会活動を行うNPO団体は，1998年にNPO法が制定されて以来，拡大を続けており，このような目的を明確にした機能型コミュニティは活発な活動が続いている．機能型コミュニティの中に，地域限定の活動も含まれるし，地域を限定せず専門的知識をもつ活動なども含まれる．例えば，地域の安心安全に向けて，

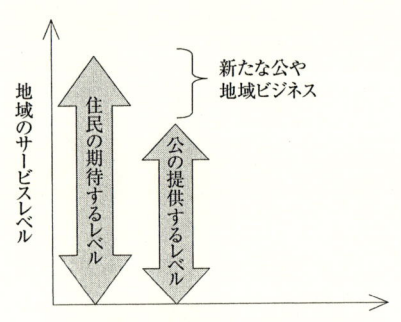

図 5.2 「新たな公」の役割

　自治会（地縁型コミュニティ）による防犯パトロールだけではなく，ガーディアンエンジェルのような専門的な役割をもち，広い地域を対象にした組織（機能型コミュニティ）によるパトロールも生まれており，さまざまな組織の連携により，地域の安全が確保されることであろう．また，まちづくり分野では，まちづくりを支援する NPO が各地で生まれており，地域のまちづくりを支援している．このように，地域の活性化のためには，地縁型コミュニティだけではなく機能型コミュニティの協力や交流が始まっており，成長のためには必須の要件であろう．

　市民参加型活動を含めた機能型コミュニティも十分ではなく，会としての規模も小さく，経済的な基盤も弱く，パソコン利用やサーバ確保といった設備投資も十分に行われているとはいえず，運営事務も非効率なままの組織も少なくない．「中間とりまとめ」のなかで横断的視点として触れられている「新たな公」の社会的役割は，図 5.2 に示すように地域の住民が期待するサービスレベルに対し，公が提供できるサービスレベルの差として考えられる．このような地域のサービスの例として，セキュリティサービスや塾のような形で地域に定着しており，「新たな公」によるサービスは，このような地域ビジネスとして成り立つレベルを目指して活動母体の経済的な基盤を強化し，組織的な運営を図るように努力することが求められるであろう．このような活動基盤強化の柱の 1 つがインターネットの利用を中心にした ICT 環境の整備である．市民参加型活動において，組織内の事務処理だけではなく，情報の発信，組織間の情報連携，地域住民との情報連携など，コミュニケーションツールと，GIS のもつ空間分析機能は非常に

重要な働きをするであろう．

5.4 コミュニケーションツールの発展

わが国の市民参加型 GIS の歴史は，Sieber[3] や Goodchild[1] がいうような合意形成の議論に結びついていないが，その前提となる情報の共有化や，コミュニケーションツールについては，さまざまな方面から検討されてきた．

前述のように，1995 年に市民参加型 GIS の第 1 号が生まれたが，この経験は，その後の市民参加型 GIS の発展に必ずしも十分生かされたわけではなかった．その後の研究においては，技術的なツール開発に目が向けられ，経済的基盤をもって継続的な情報更新を行う組織のあり方についての議論を十分に深めることができなかった．また，当時の市民の情報手段であったパソコン通信やアマチュア無線は，個人のコミュニケーション手段であり，趣味の延長という意識であり，市民参加型活動の手段としては，考えられていなかった．自治体側は，地域情報化という点は意識していたものの，GIS を専門的で，費用のかかるものであり，内部の業務支援システムという見方をし，市民が自立して利用することを想定していなかった．

2000 年頃からネット上の飲食店ポータルサイトは，地図を利用したお店の紹介だけではなく，利用者の声を紹介するサービスを開始した．地図に連動したお店の情報や一部専門家の評価だけではなく，利用者のコメントを載せることにより，利用者に情報のもっともらしさを伝えて，多様な選択を促す手段となった．これは見方を変えると地図情報を介して多くの人が意見を交わすことが可能であることを示した．

2005 年から始まった Google 社の地図検索サービスは，地図情報を介して利用者が情報交換をすることができる点を強く打ち出した．Google 社に刺激され，Microsoft 社や Yahoo! 社などでも開始されたが，その大きな特徴は，API を公開し，単に地図検索をするだけではなく，非営利であれば無料で，自分のサイト上に地図情報を背景にしたアプリケーションを構築することができることである．この結果，「はてなマップ」(http://map.hatena.ne.jp/) をはじめとして，これらのサービスを利用して，多くの人が情報を書き込むサイトや，「ロケ地ガイド」(http://loca.ash.jp/) のような趣味などのサイトが無数に生まれることとなった．

市民参加型活動に関係深いまちづくりの場面のコミュニケーション技術についても研究が進められてきた．堀田ほか[10]は，これまでのまちづくりでは，マッピング手法，問題構造化手法，デザインゲーミングシミュレーションといった手法によるワークショップを中心に展開してきたことを紹介し，意思決定における課題を示すとともにコミュニケーションの基盤技術として地理情報システムを紹介している．なかでも，GISを利用した意思決定支援に参考となる「望ましい選択肢をユーザに提示する規範的システムと問題の構造を表す情報の見やすさ，使いやすさに重きをおく議論媒体的システム」の組み合わせ事例も紹介している点が参考になる．また，1999年頃より始まった電子会議室の動向を紹介するとともに，初期に立ち上がった神奈川県大和市，藤沢市が相次いで電子会議室がWebGISとの連携へと動いたことを紹介し，「分野別での議論が地図・場所を通じて総合的な議論に発展するかどうか」を評価する必要があるという興味深い点を指摘している．

市民のコミュニケーションツールという点については，総務省自治行政局が中心になり検討が進められてきた．ICTと住民参画について取りまとめられた報告書[11]によると，電子商取引に見られるように，これまでのICT活用が物理的距離の制約を解消するものとして捉えられてきたが，地域課題の解決に向けて市民の信頼関係構築の役割を担う使い方が提案されている．このような使い方として近距離でのICT利用を提案し，「近距離でのICT活用は，オンラインとオフラインの関係を交互に繰り返すことが比較的容易にでき，コミュニケーションの行き違い等を防止することができるほか，情報を継続的（オンライン）かつ多くの情報量の交換（オフライン）が可能になる」（43ページ）という特色を示している．そのほか，地域のミニコミ，FM，ケーブルテレビなどとの連携や携帯電話の活用も提案されている．

コミュニケーションツールとしてのGISは，住所を伝えるといった単純な内容だけではなく，専門家の協力により，これまで気が付かなかった地域の特色を認識しさまざまな角度から検討，地域の見えない情報を視覚化して伝達することなど，地域を分析し，多くの市民の参加を促すコミュニケーションツールとして可能性をもつ道具として考えることができる．

5.5 市民参加型 GIS のモデル化

　市民参加型 GIS を理解するために，市民参加型 GIS をさまざまな視点からモデル化を行うことが必要である．PPGIS のモデル化については，Leitner et al.（文献[1]の3章3節）によってまとめられているが，活動そのもののモデル化，活動母体となっている組織についてのモデル化だけではなく，対象にしている地域のモデル化についても説明する．

　対象にしている地域のモデル化とは，実際の地域からさまざまな方法で情報を取得する方法や，GIS を用いて取得された情報を実空間に対応できるように配置し，相互の関係を知る方法を意味する．情報を実空間に対応するように配置する際には，社会全体での共通基盤という考え方が必要になる．大量の地域資源に関する情報は，それぞれの組織が独自に収集しても，容易に集まるものではないし，同じものを異なる組織が収集した際に，その形や場所が異なっては，混乱が起こるだけである．GIS では，紙地図以来，共通に利用できるデータを公的な機関が作成し，それを利用しようという考えがあり，地域資源の管理も，その共通データを利用するという考え方を行われている．わが国では，国土地理院による「電子国土」の情報や数値地図の情報や自治体における，「統合型 GIS」[12]の「共用空間データ」[12]が該当する．この統合型 GIS の全体指針の中では，GIS を自治体の業務の効率化とともに住民サービスの向上に向けてそのデータの活用を求めた．地域資源をどのように捉えるかについては，節をあらためて説明することとする．

　活動のモデル化については，防災・防犯活動による安心安全の確保やバリアフリーによる福祉活動や環境保全活動それぞれに特有の方法が求められるが，典型的な活動を整理し，それぞれの場における道具や機能について考察する．

　市民参加型活動の典型的活動を，現地での情報収集・発信し，戻ってきて，全員で資料整理やファシリテータの協力による検討などが行われ，その結果を WebGIS で発信し，参加者を募るというサイクルに整理してみた（図 5.3 参照）．

　このように整理すると，これまで市民参加型 GIS として報告されてきた多くの国内事例が，WebGIS による情報発信や，WebGIS による現地情報入力ツールを中心に発表されていることがわかる．一方米国の PPGIS の研究は，全員による資料整理や内容の検討の部分を中心に検討されており，この部分でわが国での

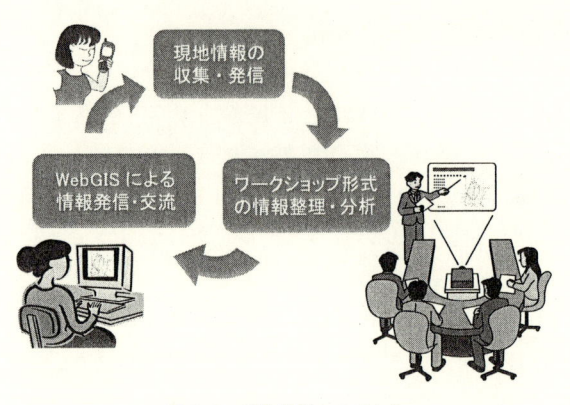

図 5.3 活動形態のモデル化

研究が必要となっていることがわかる．今井ほか[13]は，現地情報入力についても，携帯電話の普及から見て，WebGISの利用から，携帯電話による情報入力・発信が中心になる事例や可能性について報告している．

　これまでわが国で十分検討されてこなかった組織のモデル化については，今後活動を継続し活性化させるためにも，非常に重要な点である．これまで市民参加型活動の組織を1つのものとみてきたが，組織内部の役割に注目して特徴を捉える必要がある．まず，中心になって旗を振る，① コアとなる人たち，コアとなる人たちの呼びかけで集まった，② 行動的な人たち，行動まではいかないか，③ 関心をもって支援してくれる人たち，そして，④ 無関心の人たち，という4区分に整理することができるであろう．これらの人々が必要とされるGISの機能も異なってくると思われ，Harris et al.[1]は，これらの人々に必要とされるGISの使い方をそれぞれの層に対応して，① proactive use：目的に合った使い方を知り，効果的な使い方をする，② active use：自ら分析する使い方，③ passive use：標準的なGISの使い方，④ no direct use：GISを使わない，という形で整理した．市民参加型活動の活性化とは，上記の④の人たちが③の人になり，③の人たちが②になり，②の人が①になり，③，②，①の人たちが増えことであろう．以上から，図5.4に，組織内の役割と使い方を対応させて整理したものを示し，人材育成に際しては，4種の層に合わせたツールの使い方を学ぶ仕組みが必要になることを示した．また，組織的な検討としては，市民と行政と研究機関と民間とのパートナーの形態によって整理することも，市民参加型活動の経済的自

図 5.4 組織のモデル化

立の検討に有益になる．

5.6 地域を捉える視点

　市民参加型 GIS を利用した活動の情報発信に際しては，地域を捉える視点が非常に重要となり，これまで紙地図を利用したまちづくりワークショップとして行われてきた．自らの地域の資源に気が付くために参考となる書籍[14]やその地域資源を発見し，説明・解釈し，応用するためのガイドブック[15]が出版されており，詳しく学習する際は参考にしていただきたい．

　地域資源の発見には，① 身のまわりの出来事の記録を探すこと，② 変化していることを捉えること，③ 環境資源などでは他者による声を聞くこと，④ 他地域で起こっていることを吟味することなどが重要である．一例として安心・安全分野の参加型活動では，身のまわりの出来事として，交通事故そのものだけではなく，事故ではないが「ヒヤリ・ハット」の場所や，普段から危険だと思う場所を記録することから始まり，その原因が交通量や見通しの悪さにあるのか，などを解釈し，最期に具体的な行動を検討することになる．あるいは，過去の風水害の記録を探し，専門家の協力により原因を調べ，注意を促す行動に結びつける方策を検討することになる．外部の目も非常に重要で，普段なにげない景色だと思っていた場所が，写真家の目を通してみると素晴らしい景色が現れることも多い．

　このような地域を捉える視点は，心がけだけでは不十分で，訓練を必要とするものである．まちづくりなどのテーマのワークショップが各地で開催され，ファ

シリテータにより身に付いてゆく場合も多く，今後はGISを利用して訓練の機会を増やす必要があるであろう．

5.7 市民参加型GISの課題

これまでも，トピックになる市民参加型GISの事例を紹介したが，阪神・淡路大震災の事例で示した課題がどのようになっているか，事例を含めて検証することとする．

① GIS情報に対するアクセスの問題：WebGISの普及によりほぼ解消した．ただし，情報弱者に対するサポートや，震災などのITが使えない状況などでは，今後とも人の補助が必要になり，そのための体制を検討しておく必要がある．防災分野に特化したものであるが，全国対応の防災GISボランティア制度を設けて活動を開始している．

② 示された情報の信頼性：提供側の問題として，意識しなければならない問題である．「富士山環境ごみまっぷ」(http://www.fujisan.or.jp/action/kankyo/gomimap.html) の例では，最新のごみマップとして，一覧表表示により情報収集の日時を示し，個別には写真を利用して利用者にわかりやすく，信頼性を高める工夫を行っている．このような工夫により，ごみの量の時系列変化を見せるよりも具体的に説得力をもって示すことになっている．

③ 広く使える地図データとツール：広く使える地図データの不在が当時の日米間における最も大きい差であったが，政府の努力により2001年より全国の数値地図，国土数値情報などが無料で提供され，参加型活動で自由に使える環境が整った．また，背景として利用するだけであれば，「電子国土web」や民間のGoogle社，Yahoo!社などの仕組みを利用して，自分たちの情報を地図に載せて発信することが簡単にできるようになった．

デジカメで撮影した記録やGPSで移動した記録を地図上に配置し，3次元立体表現ができるカシミール3D，Excel形式の統計データを分析し，地図表示するMANDARA，国の提供する地図情報を取り込み自分の情報と重ね合わせて利用する「地図太郎」など参加型活動に利用できる無料・安価なGISツールも出回ってきた．またすでに述べたように，Google社，Yahoo!社，Microsoft社の提供する地図ツールを利用した情報発信もできるようになり，利用環境は大きく

改善された.

④ 専門家の関与：WebGIS 以来，GIS によるコミュニケーション機能が強調されるが，地域の課題の解決に向けては，GIS による分析，解析機能が重要になる．このような解析・分析には専門家の協力が必須になり，このような専門家には，GIS に関する知識だけではなく，土木学，地理学，社会学，心理学，経済学，…といったこれまでとは違った専門家の連携も必要になる．専門家が地域で活動する市民参加型組織と本格的に連携していくためには，経済的な点を含め，検討を加えなければならない点である．また，このような専門家の間で，共通の言葉で情報共有を図ることは非常に困難で，GIS のような視覚化する手法は非常に有効であろう．

⑤ GIS 利用組織の継続性の問題：市民参加型活動において，イベント中心の活動に偏り，なかなか継続的に地域の課題を掘り下げられない場合が多くみられる．このような組織において，コミュニケーションツールで触れられたように，ICT ツールはフェーストゥフェースに会えない住民間での情報交換が可能であり，意識のズレをなくす効果をもつ．WebGIS は，視覚的効果をもち言葉による情報交換を補うものである．したがって活動の継続性を促す仕組みとして，GIS を含めた ICT 技術の活用を考えることは有効であろう．

また，組織の継続性の問題では，組織活動として，水準を保つ努力が必要であろう．すでに述べたように，規模も小さく事務の効率化もできていない状態で，高い水準の活動を維持することは非常に難しく，コアとなる人は経営感覚をもたなくてはならないだろう．「富士山環境ごみまっぷ」を行っている NPO 団体は社会的に注目される事業をアピールし，民間企業から資金提供を受け，さまざまな機材も提供してもらい，高い水準の活動を維持している．このような形態の活動も，維持するためには参考となるであろう．

行政の対応も組織の継続性に大きく関係する．行政が保有する情報を提供することにより，活動の成果の信頼性が向上することもある．「新たな公」の継続のための環境を整えてゆくことも行政の役割であろう．

5.8 市民参加型 GIS の今後

社会のなかで市民参加型活動がますます重要な役割を期待されるなかで，市民

参加型 GIS を効果的に利用することは，わが国の政策としても非常に重要な意味をもつ．市民参加型活動そのものについては，すでに多数の人が経験を積んでいるところであるが，GIS の役割について十分理解して活動を行っている人は少ない．現在，市民参加型 GIS の実績を上げている事例をみると，大学などの研究者や専門家の協力により活動が行われている場合と，島根県中山間地域研究センターや藤沢市産業振興財団などでトレーニングを受けて，利用している場合とがある．今後の発展を考えると，行動的参加者には，GIS を ICT 技術のコミュニケーションツールの 1 つとして位置づけ，行政によるトレーニングを受けることが理想である．一方コアとなる人材は，GIS 専門技術者の資格認定作業も進んでおり，将来は，このような資格保有者がコア人材となることが期待される．それまでは，GIS に関する体系的教育が，社会人教育の一環として大学に設置されることが理想であろう．

研究のあり方についても，WebGIS の開発や研究だけでは不十分で，他のコミュニケーションツールとの連動や組織の運営に関する研究を各分野の研究と連携して行わなければならない．また，プロトタイプのツールを開発し，研究することは必要であるが，市民参加型 GIS の研究では，市民参加型活動を経済的に自立させるために，容易に手に入る既存のデータやソフトや道具をうまく使いこなす研究もまた，実際に利用する場面では重要である．

わが国の市民参加型 GIS は，コミュニケーションツールとして利用している段階であり，その段階で生じるさまざまな課題を解決しているところである．今後，市民参加型活動が成熟してくれば，必ず意思決定プロセスとの対応が求められてくることが予想される．意思決定プロセスには，GIS 以外にアンケートなどの多数の意見を知ることや，個別意見について知ることや，意思決定の結果の予測をあらかじめ情報として得ることも重要である．このような予測には，活動の結果生じる環境への影響や，活動母体の経済的な収支，経済的波及効果などが求められ，専門家の協力なしには行えないであろう．したがって，経済的な点を含めて専門家が，市民参加型活動を支援するための社会的仕組みの構築が非常に重要となる．また，わが国には米国のような教科書がまだ存在せず，関連する情報のポータルサイト[16]があるだけである．以上の内容をわが国の実情に沿って体系的に説明する教科書が必要となるであろう．

［今井　修］

引 用 文 献

1) Craig, W. J. et al. (2002): *Community Participation and Geographic Information Systems*, Taylor and Francis.
2) 大阪市立大学地理学研究室 (2002): 空間・社会・地理思想, 第7号 (特集 GIS 論争). http://www.lit.osaka-cu.ac.jp/geo/Space,%20Society%20and%20Geographical%20Thought. htm#vol7
3) Sieber, R. E. (2006): Public participation geographic information systems. *Annals of Association of American Geographers*, **96**(3): 491-507.
4) 山下　潤 (2007): PPGIS 研究の系譜と今日的課題に関する研究. 比較社会文化, **13**: 33-43.
5) 地理情報システム (GIS) 関係省庁連絡会議 (1996): 国土空間データ基盤の整備及び GIS の普及の促進に関する長期計画. http://www.mlit.go.jp/kokudokeikaku/gis/seifu/choki. html
6) 福井弘道ほか (1998): インターネット GIS を用いた住民参加型の環境情報システム. 地理情報システム学会講演論文集, **7**: 147-151.
7) 川向　肇・有馬昌宏 (1998): 地域生活者支援ツールとしての GIS の活用. 地理情報システム学会講演論文集, **7**: 153-158.
8) 真鍋陸太郎ほか (2001): 住民による情報交流が可能なインターネット上の地図システムの開発と課題. 地理情報システム学会講演論文集, **10**: 211-214.
9) 国土交通省国土審議会資料 (2006): 計画部会中間とりまとめ. http://www.mlit.go.jp/singikai/kokudosin/keikaku/keikaku_.html
10) 堀田昌英ほか (2004): まちづくりにおけるコミュニケーション技術. 都市計画, **249**: 55-58.
11) 総務省自治行政局 (2007): ICT を活用した住民参画のあり方に関する調査研究. http://www.soumu.go.jp/s-news/2007/pdf/070529_2.pdf
12) 総務省自治行政局 (2001): 統合型の地理情報システムに関する全体指針. http://www.lasdec.nippon-net.ne.jp/rdd/gis.htm
13) 今井　修・岡部篤行 (2004): 参加型活動における GPS 携帯電話を利用した空間情報技術. 地理情報システム学会講演論文集, **13**: 451-454.
14) 三井情報開発(株)総合研究所編著 (2003): いちから見直そう地域資源, ぎょうせい.
15) 中川　正ほか (2006): 文化地理学ガイダンス, ナカニシヤ出版.
16) 参加型 GIS 研究分科会 (代表: 今井　修). http://www.f3s.jp/c.s.f3s.jp/index.html

6 ハザードマップ・災害・防災とGIS

6.1 災害対策とGIS

　災害は空間的な広がりをもち，時間経過とともに状況が変化していく現象である．被災する対象は人間自身とその活動の場である施設や財産，システムである．災害現象を把握・理解し，適切な対応をとるためには，現象を時空間的に捉えることが必要であり，GISは不可欠な道具ということができる．

　空間情報を活用した都市の安全管理についての概念は，村上[1]によって提示されている（図6.1）．複雑な都市環境における災害危険要因，抑制要因を地図に表現して情報システム上に整理し，重ね合わせやシミュレーションの結果をわかりやすく図化して，それを頭脳集団が現状認識，方針決定や対策に役立てるというものである．この概念はその後，空間情報技術の発展とともに具体化してきている．

6.1.1 災害対策におけるGISの有用性

　災害対策におけるGISの有用性を整理すると以下の点があげられる．

　①「空間に関わる情報の管理，データベース化」が効率的に行える．位置情報をもつ図形と属性情報とを関連づけたデータベース化によって，効率的な情報の管理・検索・活用ができ，シミュレーションなどに用いるデータや情報の入出力を簡便に短時間で行うことができる．また，災害現象とその対応の教訓は今後に活かすことが必要であるが，空間的な記録情報を時系列的に整理するための基盤としてGISを活用することができる．

　②「空間的な状況把握，視覚化」が容易になる．災害がどこで発生，拡大して

6.1 災害対策と GIS

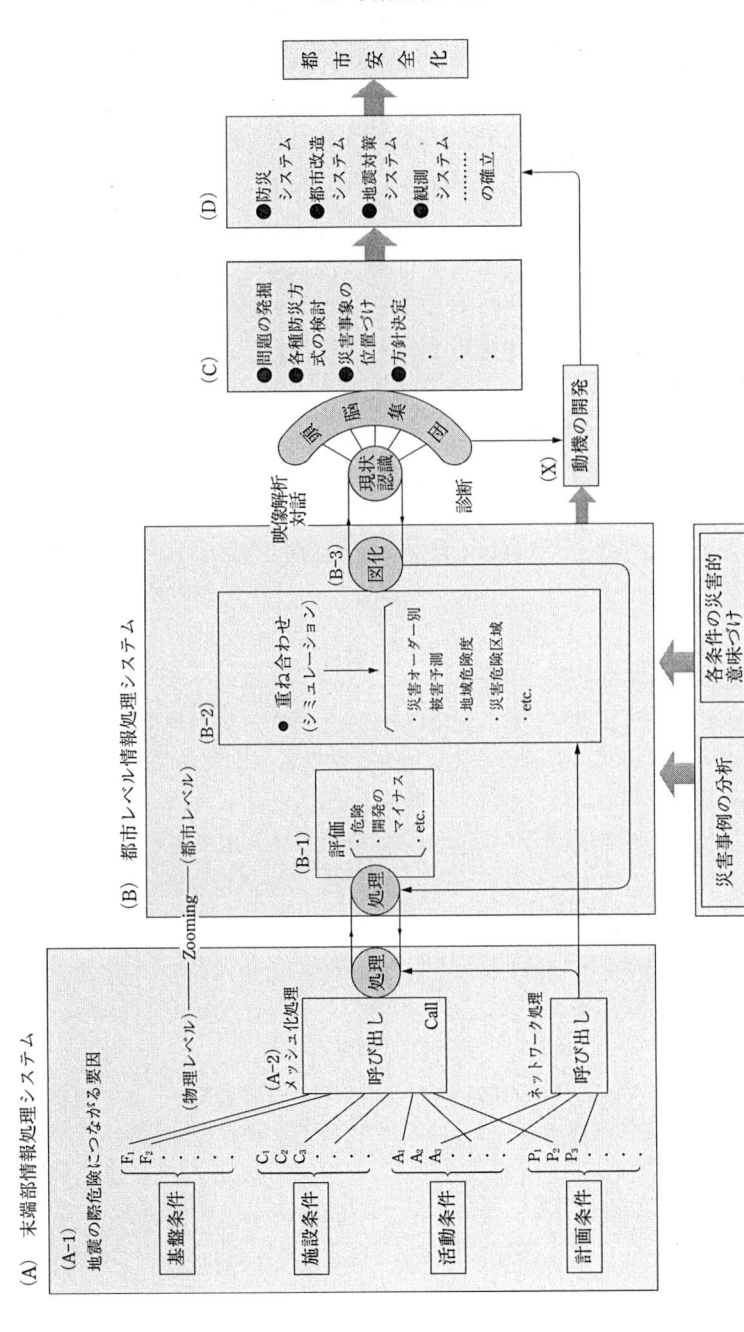

図 6.1 空間情報を活用した都市の安全管理システムの概念（村上，1986）[1]

いるのか，被災する可能性のある人々の状況，対応にあたるうえで活用できる資源，被害を拡大させる危険物などとの位置関係を把握することで，より的確な判断や対応が可能になる．重ね合わせ機能や3次元表示などの視覚化機能によって，より理解しやすい情報を受発信することができる．

③「異なる機関どうしの情報共有と連携促進」が図られる．災害対応は異なる機関，異なる立場の人々が連携して事に当たる必要があり，そのための情報共有基盤を提供し，連携を促す．ウェブによる空間情報受発信，共有ができるので，一般市民も含めた情報共有を可能にする．

災害に関わる情報はなるべく視覚化してわかりやすく伝えることが重要であり，WebGISで自分から能動的にデータにアクセスし，自分の関係したところにフォーカスして状況把握を行うことができるので，より理解しやすく，臨場感ある情報を得ることができる．また，発生後の対応は時間との戦いになることから，①～③の有用性によって状況把握，対応の時間を短縮でき，被害拡大を抑制できる．

6.1.2 具体的な活用方法

災害対策は一般に「事前対策」，「応急対策」，「復旧・復興対策」のフェーズに分けることができ，復興対策は次の災害の事前対策にもなることが求められる．災害の種類には，地震災害，水害，土砂災害，火山災害，大雪に関わる災害などさまざまあり，いずれの災害対応においてもGISは有用である．さらに最近では，特定の災害に限らずテロなども含めて，地域の生活者の視点に立って，あらゆる被災において共通する対応の部分に焦点を当てたマルチハザード対応の考え方の重要性が指摘されているが，6.1.1項に述べた有用性から，GISの役割が大きい．なお，ユーザの視点からは，一般市民，災害対応担当者（自治体，消防，意思決定者，ボランティアなど支援者）に整理できる．

GISの機能を「データベース化・管理」，「解析」，「表示」，「ウェブ等による情報共有」に分けて，事前対策，応急対策，復旧・復興対策の各フェーズでGISの機能と果たすべき役割との関係を整理したものが図6.2である．事前に災害対応全般に役立つ空間情報をデータベース化・管理しておき，被害想定などのリスク分析やシミュレーションを効率よく行うためにGISを用いるとともに，「ハザードマップ」などの事前の情報提供，市民のリスクコミュニケーションに利用

6.1 災害対策とGIS

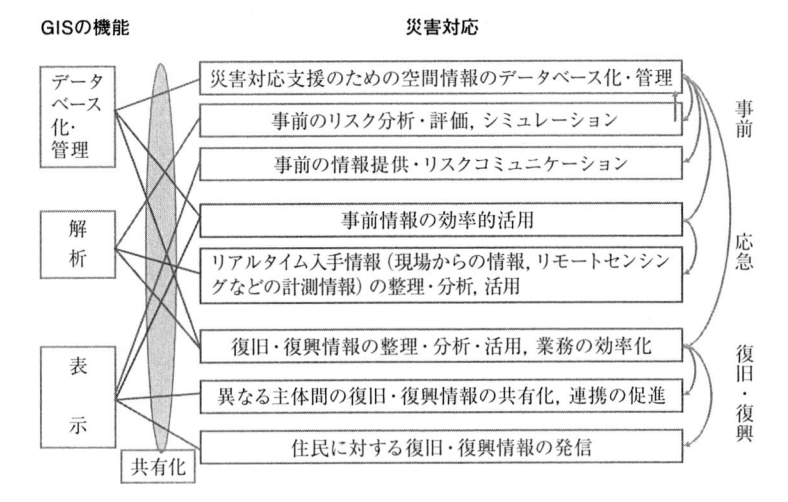

図6.2 災害対応とGISの活用

する．応急対策においては，事前に整理された空間情報を活用しながら，リアルタイムで入ってくる情報を迅速に整理・活用するための道具として用いることが望まれるとともに，雨量や震度などの計測情報をもとに，より精度の高い被害予測を行う．また，他機関との連携のための情報共有プラットフォームとしての機能を発揮することが期待されている．これらの発生の覚知から応急対策の初動を支援する，GISを基盤とした「防災情報システム」が国の機関や自治体に多数導入されている．復旧・復興のフェーズでは自治体等における復旧・復興業務の効率化のためのGISの活用，復旧・復興情報の住民への発信，多くの関係機関間での情報共有や連携の促進，時空間情報としての災害記録データベースの構築などにGISは有用である．

次節より，事前対策としての「ハザードマップ」とおもに応急対策以降を中心とした「防災情報システム」によるGISの利用を解説する．なお，「防災情報システム」は応急対策と復旧・復興の2つのフェーズで整理する．

6.2 ハザードマップ

6.2.1 ハザードマップ作成の経緯

　災害発生前に，災害の原因となる現象の影響が及ぶと推定される領域と，災害を引き起こすインパクトの大きさなどを予測することは，災害による被害の軽減に役立つ．これらを地図にまとめたものがハザードマップであり，災害予測地図とも呼ばれる．例えば，火山災害予測地図には，降灰が及ぶ範囲とその程度，溶岩流や火砕流，火山泥流が流れる経路とその影響範囲などが描かれる．地域の特性や用途に応じて過去の災害履歴や，防災関連施設情報などが掲載されることもある．ハザードマップが作成・周知されることにより，住民の避難開始時刻を早めるなど適切な避難行動を促したり，自治体職員による避難区域設定等の意思決定を支援するなど，災害の理解を深めるとともに，その情報の利活用が期待されている．また，長期的なまちづくりについて考える際の資料としても役立つ．

　主要なハザードマップ作成の経緯をまとめたものが図6.3である．他に雪崩，バイオハザード，気象・気候ハザードなどを対象としたハザードマップもある．被災エリアが比較的予測しやすい火山ハザードマップや洪水ハザードマップの整備が先行しており，災害の種別ごとにその歴史も異なる（図6.3）．2001年と2005年の水防法改正により，市町村に洪水ハザードマップの作成が義務づけられた．2006年には土砂災害対策基本指針の変更により都道府県が行う基礎調査の事項に「ハザードマップに関する調査」が追加された．2006年の大規模地震対策特別措置法の改正では「都道府県及び市町村は，地震の揺れの大きさ，津波による浸水範囲その他の想定される人的・物的被害をハザードマップ等により周知させるよう努める」ことが明記された．また，各種ハザードマップ作成要領やマニュアルも相次いで整備され，その内容が標準化されるとともに，組織的作成の契機となり，ハザードマップを作成する地方自治体が増加した．

　しかし，災害種別ごとに作成担当が異なり，マップの表現方法やシステムが異なると，利用者は各サイトから多様な地図を受け取らざるをえない．そこで，京都市では，水災害，土砂災害，地震災害情報を共通様式，共通縮尺で表現したマルチハザードマップ（京都市防災マップ，2004～2005）を作成した．国土交通省の「ハザードマップポータルサイト（2007～）」[2]では，インターネット上で公開している市町村の洪水，内水，高潮，津波，土砂災害，火山ハザードマップを一

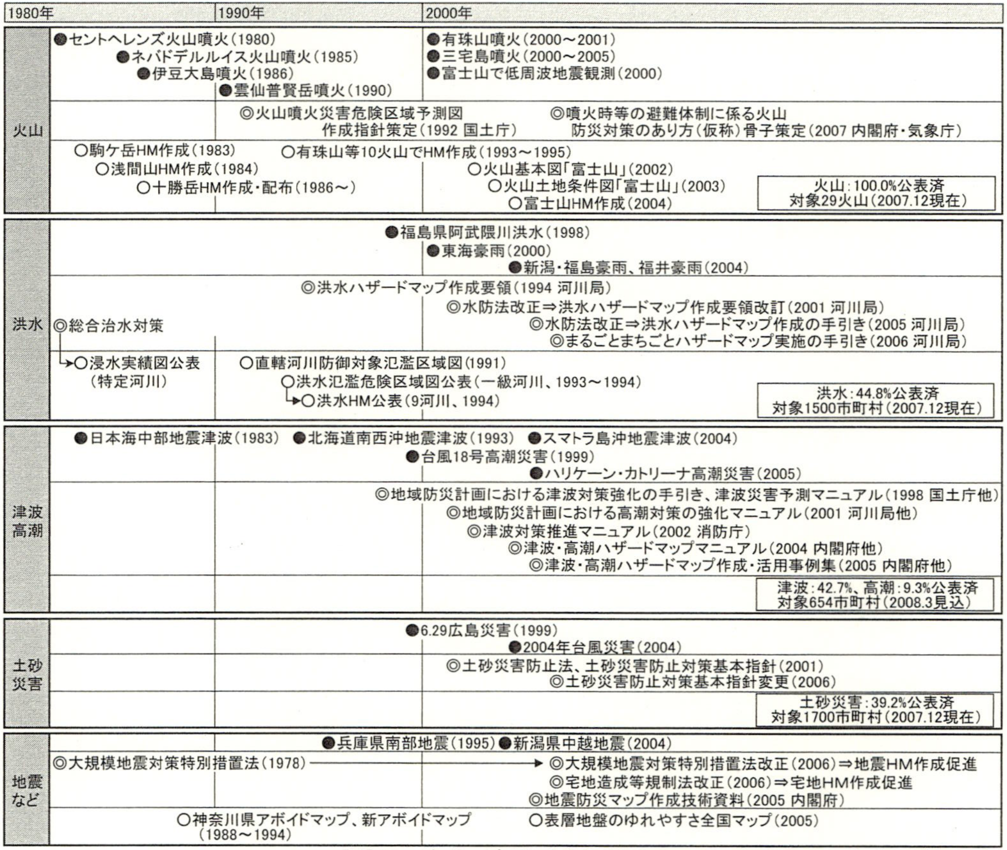

6.2 ハザードマップ　　87

	1980年	1990年	2000年
火山	●セントヘレンズ火山噴火(1980) ●ネバドデルルイス火山噴火(1985) ●伊豆大島噴火(1986) ●雲仙普賢岳噴火(1990)	●有珠山噴火(2000〜2001) ●三宅島噴火(2000〜2005) ●富士山で低周波地震観測(2000)	
	○駒ケ岳HM作成(1983) ○浅間山HM作成(1984) ○十勝岳HM作成・配布(1986〜)	○火山噴火災害危険区域予測図作成指針策定(1992 国土庁) ○有珠山等10火山でHM作成(1993〜1995)	○噴火時等の避難体制に係る名山防災対策のあり方(仮称)骨子策定(2007 内閣府・気象庁) ○火山基本図「富士山」(2002) ○火山土地条件図「富士山」(2003) ○富士山HM作成(2004)
			火山:100.0%公表済 対象29火山(2007.12現在)
洪水		●福島県阿武隈川洪水(1998) ●東海豪雨(2000) ●新潟・福島豪雨, 福井豪雨(2004)	
	◎総合治水対策	◎洪水ハザードマップ作成要領(1994 河川局) ◎水防法改正=洪水ハザードマップ作成の手引き(2005 河川局) ◎まるごとまちごとハザードマップ実施の手引き(2006 河川局)	
	↳○浸水実績区域公表(特定河川)	○直轄河川防御対象氾濫区域図(1991) (一級河川, 1993〜1994) ↳○洪水HM公表(9河川, 1994)	洪水:44.8%公表済 対象1500市町村(2007.12現在)
津波 高潮	●日本海中部地震津波(1983)	●北海道南西沖地震津波(1993) ●台風18号高潮災害(1999)	●スマトラ島沖地震津波(2004) ●ハリケーン・カトリーナ高潮災害(2005)
		◎地域防災計画における津波対策強化の手引き, 津波災害予測マニュアル(1998 国土庁他) ◎地震防災対策強化地域における高潮対策の強化マニュアル(2001 河川局他) ◎津波対策推進マニュアル(2002 消防庁) ◎津波・高潮ハザードマップマニュアル(2004 内閣府) ◎津波・高潮ハザードマップ作成活用事例集(2005 内閣府他)	
			津波:42.7%, 高潮:9.3%公表済 対象654市町村(2008.3見込)
土砂 災害		●6.29広島災害(1999)	●2004年台風災害(2004)
		◎土砂災害防止法 土砂災害防止対策基本指針(2001) ◎土砂災害防止法 土砂災害防止対策基本指針変更(2006)	
			土砂災害:39.2%公表済 対象1700市町村(2007.12現在)
地震 など	◎大規模地震対策特別措置法(1978)	●兵庫県南部地震(1995)	●新潟県中越地震(2004)
			→ ◎大規模地震対策特別措置法改正(2006)⇒地震HM作成促進 ◎宅地造成等規制法改正(2006)⇒宅地HM作成促進 ◎地震防災マップ作成技術資料(2005 内閣府) ○表層地盤のゆれやすさ全国マップ(2005)
		○神奈川県アボイドマップ, 新アボイドマップ(1988〜1994)	

[注]HM:ハザードマップ作成に関する路　●災害　◎法律・マニュアル等の整備　○ハザードマップ等の公表

図 6.3　各ハザードマップ作成の流れ(年表)(文献3〜11)をもとに作成)

元的に検索，閲覧できる．今後，さらなる利用者の視点に立った取り組みが期待される．

6.2.2 ハザードマップでの GIS 活用

ハザードマップでは，① 災害予測区域の設定，② ハザードマップの作成，③ ハザードマップの周知，④ ハザード情報の活用，において GIS が用いられる．

a. 災害予測区域の設定

ここでは，災害予測モデルを選定し，想定外力や標高データ，構造物などの計算条件を設定し，数値シミュレーションを実施する．災害実績図から災害予測区域を設定する簡便な手法もあるが，施設整備による効果が反映されないことや，状況の時間的な変化に応じた対策を立てにくいなどのデメリットがある．一方，数値シミュレーションでは，それが可能となる．また，多様なシナリオを検討した上でハザードを特定でき，手法の標準化にもつながる．例えば，洪水では破堤点別・時刻別に，火山では噴火規模別・季節別に検討を行う．ただし，基盤地図情報が整備されていない場合，パラメータの多いモデルを用いるためには，データ作りから始める必要があり，整備主体の負担が大きい．今後，さらなる基盤地図情報の整備が期待される．一方，シミュレーションの不確実性を認識し，適宜，経験的判断に委ねたり，随時，モデルを見直す必要もある．シミュレーションに用いた諸データや予測結果は，ハザードマップへの加工やその後の更新を考慮して，GIS データとして作成され，共有されることが望ましい．

b. ハザードマップの作成

ここでは，マップの対象と目的を設定し，わかりやすい内容と地図表現を心がける．対象は，主に住民用と行政用があり，他に学術用，観光客用，外国人用などさまざまである．また，整備主体は地方自治体の防災担当であることが多いが，関係各機関や住民の参画により，地域特性を反映させることが可能になり，マップの周知や利活用の促進にも役立つ．

掲載する内容もさまざまで（表 6.1），限られた紙面でわかりやすく表現するため，目的に応じた情報の取捨選択が必要とされる．また，地図の大きさや縮尺，色彩，凡例区分の工夫も欠かせない．

近年，地方自治体では，従来の紙地図に加え，GIS の併用が増えている．WebGIS では閲覧できる情報量に制限はなく，用途や縮尺に応じた表示設定が可

表6.1 ハザードマップ掲載情報の例

	地図情報	その他の情報
事前情報	・予測区域図	・災害現象について ・日常の対策
緊急時情報	・前兆・異常現象	・緊急通報先 ・避難時の注意
対応支援情報	・避難場所・避難経路 ・防災無線・警報の位置	
履歴情報	・災害履歴図	・過去の災害
その他	・道路・建物・河川・等高線 などの背景図	・地域情報

能である.また,紙媒体では2次元で表現されていた情報を,GISでは多次元で表現できる.例えば,津波浸水予測図の浸水深に流速や災害拡大過程を加えた動画表現も可能となる.

　ハザードマップを作成する際,地域特性を考慮し,掲載する情報を決定する.災害予測区域の他に,避難場所や避難経路,防災無線・警報の位置なども併せて掲載する場合が多い.ただし,山体崩壊や巨大津波などの大規模災害を想定した場合,避難場所を設定できない地域もある.これら低頻度現象の扱い方や不確実性を考慮する必要があり,災害イメージの固定化を防ぐ努力が欠かせない.このような課題に対し,インターネット上でハザードおよび避難のパラメータを利用者が設定できる「尾鷲市動くハザードマップ(2006～)」[12]が公開されている.今後,ハザードマップの媒体として,GISを用いる傾向は強まると考えられる.

　また,地震の場合,強震動だけでなく,津波・液状化・斜面崩壊や火災などの現象も災害要因となるため,これらの現象を対象としたハザードマップも重要である.このように,災害現象が連鎖することも想定し,それらに対応できるようなマップが求められる.例えば,東京都では,1975年より5年ごとに地域危険度調査を実施し,各地域における地震に対する危険性を建物,火災,避難の面から1から5までのランクで相対的に評価した「地域危険度図」[13]を発行している.横浜市では,「危険エネルギー(1972)」[14]において,災害時に危険性を高める要因として,石油タンクや化学工場,ビルのエレベータの利用実態,時刻別の電車車両乗客数,橋脚・横断歩道橋など地震時に壊れたり機能マヒを起こす可能性のある施設を地図化するとともに,宅地造成図等も作成している.これらも広義の

ハザードマップと位置づけられよう．

作成・更新の負担を軽減するためには，地域で連携して作成したり，基礎調査資料や「作成の手引き」を参考とする．共通の基盤地図情報が整備されていれば，GIS を用いてハザードマップを作成する際，広域連携や市町村合併等にも対応しやすく，測量成果や都市計画情報を随時反映させることで，鮮度の高いハザードマップの提供が可能となる．

c. ハザードマップの周知

1998年8月，福島県郡山市において集中豪雨により阿武隈川が氾濫したが，氾濫の数か月前に洪水ハザードマップが住民に配布されていたため，事前にこの地図を見ていた住民は見ていなかった住民に比べ避難勧告・指示に基づく行動開始が1時間程度早く行われた[15]．2000年3月の有珠山噴火災害時においては，訓練などによってハザードマップが住民に周知されていたため，迅速な避難活動が可能になった[4]．このように，避難行動にハザードマップが有用であることが示されているが，ハザードマップが公表され，行政と住民がその意味を理解し，日頃から災害に備えていない限り，その効果は期待できない．

ここでは，ハザードマップを有効に活用するために，マップの周知手段を検討し，新鮮な情報の提供を心がける．周知媒体として，印刷物の配布や掲示板の設置，インターネットによる配信などがあげられる．印刷物や掲示板の場合，随時更新は難しいが，インターネットでは，頒布の制約が減り，比較的容易に情報更新ができる．マップの頒布経路は，印刷物は，窓口での閲覧や地域住民へ各戸配布されるが，インターネットでは，パソコンや携帯端末を用いれば誰もが情報にアクセスできる．情報へのアクセスのしやすさと，検索性の高さから，WebGISの活用が拡大した．例えば，横浜市では，WebGIS を用いた行政地図情報提供システム上で，地震防災情報を提供している（わいわい防災マップ，2005～）[16]．また，情報通信技術の進展により，携帯端末による地理空間情報の受発信が日常化していることから，携帯電話によるハザードマップの周知も可能である．例えば，生活空間である市街地に水災に関する各種情報を洪水関連標識として表示する「まるごとまちごとハザードマップ（2006）」[17]では，標識に浸水想定深さや避難場所とともに，QR コードも表示し，携帯端末に周辺地図を示す機能を有する．しかし，世代間のインターネット利用率やパソコン利用率の差は依然顕著で[18]，災害時要援護者となりうる高齢者や障害者などへのデジタルデバイド対策

として，情報提供媒体の多様性の維持も必要であろう．

d. ハザードマップの活用

ここでは，日常，応急対策，復旧・復興などさまざまなフェーズにおいて，ハザードマップの活用を進める．

日常は，地域住民や自治体職員などの防災意識向上のため，ハザードマップ配布以降も，学校教育や研修，掲示板，広報，説明会，防災訓練などで，浸透させる工夫を継続する必要がある．DIG（disaster imagination game：災害図上訓練）形式の防災訓練や住民参加型ワークショップでは，大判の紙地図を囲み検討を行うが，近年，GISを用いた訓練やワークショップも行われ始めている．DIGの成果を蓄積・活用するためにも，GISデータとして作成され，共有されることが期待される．

応急対策時には，避難行動の支援や，避難勧告・指示区域指定など災害対応資料として役立つ．GISと，雨量や地震動等の観測情報やGPS等の測量技術と，シミュレーション技術を活用し，地形情報・被災情報を反映させたリアルタイムなハザードマップが作成されれば，避難区域を指定する際に有用であろう．ただし，現地でGISを用いるためには，機器の耐災性と非常用電源などによる電力の確保，さらに機器の操作が可能な人材の確保が必要である．

復旧・復興期には各種活動の基礎資料として役立つ．また中長期的な視点では土地利用を検討する際の資料としても役立つ．一方，ハザードマップ公開による不動産価値の低下，観光客の減少などの影響を懸念する声もあるが，災害発生リスクの高い区域を認識することは，被害を軽減させるために必要不可欠である．

6.3 GISを活用した防災情報システム

6.3.1 これまでの経緯

防災情報システムとは，コンピュータ上に地域の防災に関わるさまざまな情報をデータベース化し，事前対策，応急対策，復旧・復興対策に役立てるもので，そのための情報処理や表示，情報共有の基盤技術としてGISが不可欠である．

災害対応へのGISの実践的活用は，防災情報システムの導入という形ではなく，災害現場での対応にGISの機能を活用したところから始まっている．その歴史は比較的新しく，1994年の米国ノースリッジ地震に始まる．ノースリッジ

地震では災害後の復旧過程において，被災建物をGISによってデータベース化して住民対応にあたるとともに，被災者への対応の窓口を一括するセンターを被災地内に立ち上げる際の立地検討に利用された．住民対応上，有用な所得や言語など社会統計情報の地図化も行われ，活用された．

日本では，そのちょうど1年後の1995年1月に発生した阪神・淡路大震災において，がれきの撤去業務にGISが使われて有用性が示された．また，建築学会，都市計画学会，兵庫県立博物館が行った建物被災状況調査の地図化と公開がGISを活用して行われた[19]．

さらに，2001年のニューヨーク，ワールドトレードセンター崩壊災害ではGISが直後から有用性を発揮した．発生の直前にニューヨーク市のデジタル地図が完成したことと，その利用についての協議会が立ち上がっていたことが幸いして，発生3日後には緊急の地図作製センターが立ち上がった．被災地の混乱した状況の中で，もとあった建物の正確な位置情報の提供や航空機リモートセンシングによる熱画像，煙で見えない地上面の状況を把握できるレーザプロファイラを用いて現場対応を支援した．このように最新の計測技術も活用しながらGISを有効に活かして対応にあたったことも注目に値する．

その後，2003年10月のカリフォルニアの山火事では，事前の枯れ木の蓄積量把握による潜在的な山火事の危険性評価や守るべき重要施設の立地などから事前に対応シナリオを用意しておき，発生後にはリアルタイムの情報をもとに山火事の広がりの予測，対応シナリオが再検討された．復旧・復興段階では被災建物のデータベース化にモバイル端末が用いられ，枯れ木の燃え具合などの調査を行って次の災害への備えとした．これらのいずれのフェーズにおいてもGISが活用されている．

以上のように，はじめは事後の対応に活用されていたGISが，次第に応急対策，事前対策も含めた災害対応の全フェーズにおいて活用されるようになってきたといえる．

6.3.2 防災情報システムI —応急対策を中心に—

おもに災害発生直後からの対応支援を目的とした「防災情報システム」がさまざまな自治体で導入されている．防災情報システムにとって重要な機能は，

① 事前に必要なデータを整備し，被災後にそれを迅速に活用できること．

6.3 GISを活用した防災情報システム

リアルタイム収集情報
被災情報, リモートセンシングデータなど

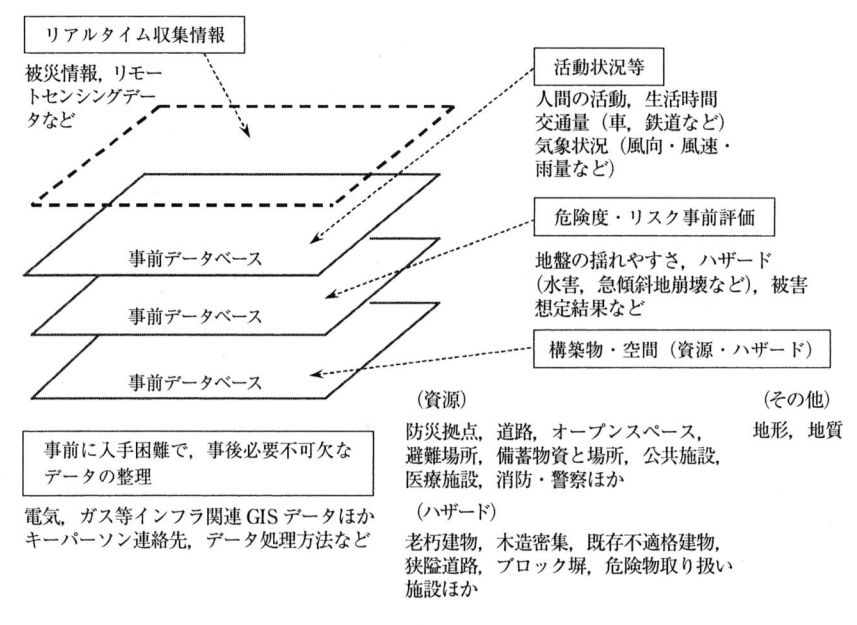

活動状況等
人間の活動, 生活時間
交通量 (車, 鉄道など)
気象状況 (風向・風速・雨量など)

事前データベース

危険度・リスク事前評価
地盤の揺れやすさ, ハザード (水害, 急傾斜地崩壊など), 被害想定結果など

事前データベース

事前データベース

構築物・空間 (資源・ハザード)

(資源)　　　　　　　　　　　　　　　　(その他)
防災拠点, 道路, オープンスペース,　　地形, 地質
避難場所, 備蓄物資と場所, 公共施設,
医療施設, 消防・警察ほか

事前に入手困難で, 事後必要不可欠なデータの整理

電気, ガス等インフラ関連 GIS データほか
キーパーソン連絡先, データ処理方法ほか

(ハザード)
老朽建物, 木造密集, 既存不適格建物,
狭隘道路, ブロック塀, 危険物取り扱い施設ほか

図 6.4 マルチハザード対応のための空間情報の整理の例

② 災害発生後の情報の空白期に，限られた入手情報に基づき被害状況を推定できる機能をもつこと．
③ 災害発生後に収集した情報が集約でき，意思決定支援に役立つこと．
④ それらを多くの関係機関で共有できること．

であり，データベース化，情報処理，表示，共有に GIS が有用である．①に関しては事前の空間情報としてさまざまなものが考えられるが，マルチハザード対応のための空間情報整理の一例を図 6.4 に示す．②に関しては発生後に地震の震度情報などに基づき，建物の倒壊や人的被害を大まかに推定するもので，災害対策本部の設置や応援要請などの初動体制に必要な意思決定を支援する．発生後は，日常の活動情報をもとに，リアルタイム収集情報からいかに被害の全体像を早く推定，把握し，持てる人的，空間的資源，資機材をフル活用して，短時間で人命救助をはじめとした被害拡大を抑制する対応ができるかが勝負となる．あらかじめ災害対応業務のフローを整理して，それに必要な空間情報を対応づけておき，発生直後の業務に必要な情報をすばやく取り出し，迅速な対応を支援するシ

ステムも考えられる．③は発災後次々と入ってくる情報を集約・整理するもので，GIS が紙地図のような使いやすさを備えることが，今後の普及に重要である．なお，直後は大まかな被害の状況，時間が経つにつれてより正確な情報が必要となるなど，情報の精度がフェーズによって変化するので注意する必要がある．④は国の各省庁間の情報共有，各市町村と国との情報共有，住民への情報発信の面から重要である．

防災情報システムの一例に内閣府が整備している「地震防災情報システム (Disaster Information System：DIS)」[20] がある．阪神・淡路大震災において，被災状況の迅速な把握と情報活用の重要性が指摘されたことを受けて，地形，地盤状況，人工，建築物，防災施設などの情報をコンピュータ上の数値地図と関連づけて管理する，GIS を活用したシステムである．DIS には，地震発生直後に気象庁から送られてくる震度情報と，あらかじめ全国の市区町村ごとに整備されたデータベースに基づいて，震度 4 以上の地震が発生した直後に建築物倒壊棟数とそれに伴う人的被害を推計する「地震被害早期評価システム (early estimation system：EES)」，および各種応急対策活動を支援する「応急対策支援システム (emergency measures support system：EMS)」が組み込まれている．

6.3.3　防災情報システム II ―復旧・復興対策を中心に―

復旧・復興対策における防災情報システムの活用には，以下の 2 つがあげられる．

1 つは特定の業務の効率化支援で，阪神・淡路大震災のがれき撤去に GIS が使われたのが典型的な事例である．また，新潟県中越地震で被災した小千谷市での林ほか[21] の取り組みの例がある．罹災証明発行のための調査結果を GIS で地図データとリンクし，証明書の発行，地区別の集計などに役立てた．

もう 1 つは住民，ボランティア団体，防災関係機関などの間で情報共有を図ることにより災害対応，復興活動を広く支援するために，被災状況やライフライン復旧情報等を一元化し，ウェブ上のデジタルマップに集約する情報共有 GIS システム構築の動きである．これまでさまざまな機関が別々に被災の情報を提供してきたが，それを一元化するものである．わが国では 2004 年 10 月 23 日に発生した新潟県中越地震後に関係機関，企業の枠を越えた協力により，被災状況やライフライン復旧情報などをデジタルマップ上に集約し，住民やボランティア団

体，防災関係機関などの間での情報共有を図るための「新潟県中越地震復旧・復興 GIS プロジェクト」[22] が最初である．このような活動のために，被災地外から被災地を GIS で支援する「GIS ボランティアネットワーク」(http://www.gis-volunteer.net)[23] が立ち上がっている．

6.4 今後の展開

　本章ではハザードマップと防災情報システムを別項目で扱ってきたが，臨機応変にパラメータの変更が可能なシミュレーション型のハザードマップが実用化され，ウェブで発信されるシステムの例にみられるように，事前対策のためのハザードマップと応急対策，復旧・復興対策のための防災情報システムとの相違は次第に不明確になっている．したがって，システムとしては GIS を基盤としたプラットフォームに一元化され，そこで得られる情報をさまざまな主体に応じて発信・利用していく方向にあると考えられる．非常時にそのプラットフォームが活用されるためには，日常利用との連動が重要であり，防災活動以外での利用も促進することが課題となろう．地域住民を対象にした場合，事前に地域情報とともに防災用データベースが利用でき，日常は生活や地域活動支援に利用，災害発生時には非常時利用にそのまま移行するシステムが望ましい．また，このシステムを応急対策，復旧・復興対策でさまざまな主体間の情報共有に利用することが可能であるが，その役割を果たした後は，共有された情報をそのまま時系列的に蓄積された記録（アーカイブ）として活用できるシステムにすることが重要である．以上のように，ハザードマップと防災情報システムの一体化，災害のすべてのフェーズ，マルチハザードへの対応，日常利用と非常時の連動などが今後の展開の方向であり，GIS はそのための基盤技術として重要な役割を担う．

[佐土原　聡・稲垣景子]

引 用 文 献

1) 村上處直（1986）：都市防災論―時・空概念からみた都市論―，pp. 148-151，同文書院．
2) 国土交通省：ハザードマップポータルサイト．http://www1.gsi.go.jp/geowww/disapotal/index.htm
3) ハザードマップ編集小委員会（2005）：ハザードマップ―その作成と利用―，(社)日本測量協会．

4) 内閣府（2008）：平成20年版防災白書．
5) 国土交通省（2008）：平成19年度国土交通白書．
6) 日本地理学会企画専門委員会主催公開シンポジウム（2003）：「災害ハザードマップと地理学―なぜ今ハザードマップか？―」公演発表要旨集．
7) 内閣府：防災情報．http://www.bousai.go.jp/
8) 国土交通省：防災情報提供センター．http://www.bosaijoho.go.jp/
9) 産業科学総合研究所地質調査総合センター：火山防災マップデータベース．http://www.gsj.jp/database/vhazard/
10) 栗城　稔・末次忠司・海野　仁ほか（1996）：氾濫シミュレーション・マニュアル（案），土木研究所資料，第3400号．
11) 各種ハザードマップマニュアル，指針等．
12) 群馬大学片田研究室：尾鷲市動く津波ハザードマップ公開サイト．http://dsel.ce.gunma-u.ac.jp/simulator/owase/
13) 東京都都市計画局（2002）：地震に関する地域危険度測定調査（第5回）地域危険度図．
14) 横浜市（1972）：危険エネルギー．
15) 群馬大学片田研究室（1999）：平成10年8月末集中豪雨災害における郡山市民の対応行動に関する調査報告書．
16) 横浜市：横浜市民地震防災情報「わいわい防災マップ」．http://wwwm.city.yokohama.jp/bousaimap
17) 国土交通省河川局（2006）：まるごとまちごとハザードマップ実施の手引き．
18) 総務省（2006）：平成17年通信利用動向調査の結果．http://www.soumu.go.jp/s-news/2006/060519_1.html
19) 梶　秀樹・塚越　功編著（2007）：都市防災学 地震対策の理論と実践，学芸出版社．
20) 内閣府：地震防災情報システム．http://www.cao.go.jp/kanbou/dis-s.html
21) 林　春男ほか（2005）：災害対応業務の効率化を目指したり災証明書発行支援システムの開発―新潟県中越地震災害を事例とした新しい被災者台帳データベース構築の提案―．地域安全学会論文集，**7**：141-150．
22) 新潟県中越地震復旧・復興GISプロジェクト：http://chuetsu-gis.nagaoka-id.ac.jp/index.html
23) GISボランティアネットワーク：http://www.gis-volunteer.net/

7 犯罪・安全・安心とGIS

　犯罪の被害は，どこでも一様に起こるものではない．「80対20の法則」といわれるように，大多数の犯罪が少数の地区や限られた時間帯に集中するという現象が，しばしば報告されている．犯罪の分布にこのような地理的・時間的な集中が見られることは，犯罪対策をとる際にも，こうしたパターンを考慮する必要があることを意味している．このため，犯罪研究の分野では，歴史的に見ても早い時期から地図を用いた分析が行われてきた．たとえば，近代統計学の礎を築いたベルギーのケトレー（L. A. J. Quetelet）やフランスのゲリー（A. M. Guerry）らは，すでに19世紀初頭に各種の犯罪の地域ごとの分布を示す地図を精力的に作成し，犯罪学における「地図学派（cartographic school）」と呼ばれている．

　しかし，こうした地理的な観点からの犯罪研究は，一時期の隆盛の後，長く停滞していた．その理由の一端は，いうまでもなく，紙の地図を用いたデータの分析に大きな限界があったためである．GISの登場によって，この状況は一変した．1990年代後半以降，GISを用いた地理的な犯罪分析は，特に欧米諸国を中心に，犯罪問題に関する実証的研究や実務において，重要な一領域を形作っている．

　本章では，こうしたGISによる地理的犯罪分析の動向を概観し，今後の展望と課題について論じる．

7.1　犯罪研究と地図：歴史的沿革

7.1.1　「シカゴ学派」犯罪学とその影響

　犯罪研究の分野で，地図を活用した分析が特に大きな注目を集めたのは，1920～1930年代の，いわゆる「シカゴ学派犯罪学」の時代である．

当時のシカゴ大学では，都市社会学者パーク (R. E. Park) らを中心に，急成長するアメリカ大都市の抱えるさまざまな社会問題を，詳細な「社会地図」の形で記録する取り組みが進められていた．これらの社会地図に基づいて，かれらは，都市のなかの特定の地区に多くの社会問題が集中していることを見出し，これを，「人間生態学 (human ecology)」という独特の理論的枠組みによって説明した．

人間生態学とは，動植物の群落などの研究から発展してきた，生物学における生態学の概念やモデルを，人間社会の研究に応用したものである．それによれば，貧困や病気・犯罪などが特定の地区に集中するのは，そこに住んでいる人々の属性（人種や出身地など）のためではなく，都市の生態学的な構造のなかでそれらの地区が占める位置のためだという．

この観点に立って，ショウ (C. R. Show) とマッケイ (H. D. McKay) らは，シカゴ市内の少年非行の分布と地区の特性との関連を分析し，都心をとりまく人口移動の激しい地域では，地域の人種構成の変化などによらず，つねに非行率が高いことを見出した．これは，スラム地区などでの犯罪を居住者の遺伝的性格などに起因するものとみなす，当時の俗流優生学的な議論に対する，強烈なアンチテーゼであったといわれている．

ショウやマッケイらのアプローチは，当時の社会学的な犯罪研究に大きな影響力をもち，その影響はわが国にも及んでいる．1950年代の半ばには，東京家庭裁判所と犯罪社会学者との共同研究として，東京家庭裁判所で受理した全事件を対象に，それらを地図上にマッピングして検討した『東京都における非行少年の生態学的研究』[1] という大規模な研究が行われている（図7.1）．

しかし，その後，コンピュータを駆使した統計的分析が実証的な犯罪研究の主流となるにつれ，シカゴ学派犯罪学の地理的分析は，急速に影響力を失っていった．

7.1.2 コンピュータによる初期のクライムマッピング

地理的な犯罪分析のためにコンピュータによる犯罪地図が用いられた最初の例は，1960年代半ばの米国セントルイス市警察局において，パトロール活動の効率化を目的として行われたものだといわれている[2]．当時のコンピュータはまだ文字ベースのもので，個々の犯罪の発生地点などをそのまま表示することができ

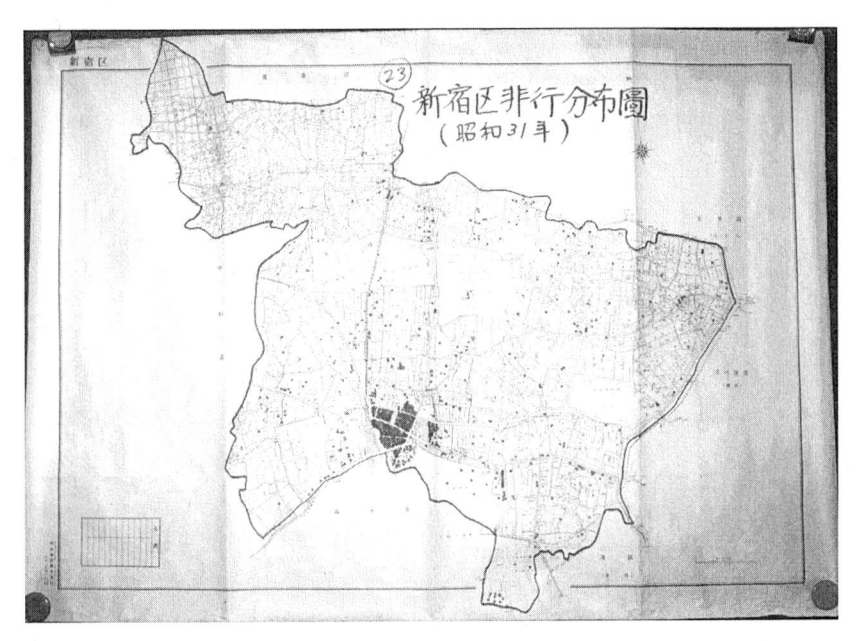

図7.1 『東京都における非行少年の生態学的研究』（最高裁判所事務総局，1958）[1]

なかったため，これらの地図は，おおよそ国勢調査区に相当する小地域ごとに集計された犯罪データを，文字の種類や重ね打ちなどで濃淡のパターンとして表したものであった．

その後のコンピュータ技術の進歩に伴って，コンピュータで作成できる犯罪地図の種類や精度も向上した．1970年代後半には，グラフィック機能をもつコンピュータによって，強盗の人口比などの分布を示した3次元の犯罪地図も作成されている．1980年代には，イリノイ州刑事司法情報局によって"STAC"（spatial and temporal analysis of crime：「犯罪の空間的・時間的分析」）と呼ばれるコンピュータプログラムが開発され，犯罪集中地区の検出などのために活用された．

このように，当時の先進的な取り組みを通じて，コンピュータを用いたクライムマッピングに大きな可能性があることは認められるようになった．しかし，実際に犯罪研究や警察活動の現場などに，それが浸透し，定着してきたのは，1990年代以降のことである．

7.1.3 GISによる新展開

1990年前後から，パーソナルコンピュータ上で使えるGISソフトウェアが普及してきたことに伴って，犯罪研究の分野でも，これを用いた地理的な犯罪分析が再び注目を集めるようになった．

1991年には，犯罪学者モールツ（M. D. Maltz）とシカゴ市警察局との共同によって，パーソナルコンピュータによる地図データベースシステムの警察業務への応用を目指した取り組みが報告されている．また，1990年からは，国立司法研究所(NIJ)の指導のもとに，ジャージーシティ，カンザスシティ，サンディエゴ，ピッツバーグ，ハートフォードの5都市で，GISを活用して薬物取引の情勢分析を行おうとする研究（"drug market analysis"）が開始され，薬物事犯に関する諸情報を集中的・統合的に地図上に表現して，地区情勢に応じた警察施策の策定などの面で成果を上げたとされている．

また，きわめて簡便な操作性をもつGIS応用ソフトウェアを地域指向型警察活動や市民への犯罪情報提供に応用したシカゴ市警察局のICAM（information collection for automated mapping）や，犯罪者の移動性モデルを連続事件の犯人の居住地推定に応用したバンクーバー市警察局の「地理的プロファイリング（geographic profiling）」などの取り組みも行われ，GISによる地理的犯罪分析の応用範囲が一気に拡大した．

7.2 GISの用途と意義

GISやそれに関連する技術の進展と普及に伴って，地理的犯罪分析の用途もさまざまな広がりを見せている．そこで，以下では，これらの動向について概観する．

7.2.1 犯罪情勢の可視化

犯罪対策を効果的・効率的に進めるためには，犯罪の情勢を的確に分析し，それに応じた集中的な取り組みを実施する必要がある．実際，1970年代にアメリカで実施された研究によれば，ある地域全体をパトロールカーでまんべんなく巡回することで実際にその地区の犯罪発生を減らすためには，パトロールのレベルをそれまでの10～30倍にする必要があることが判明したという．一方，あらか

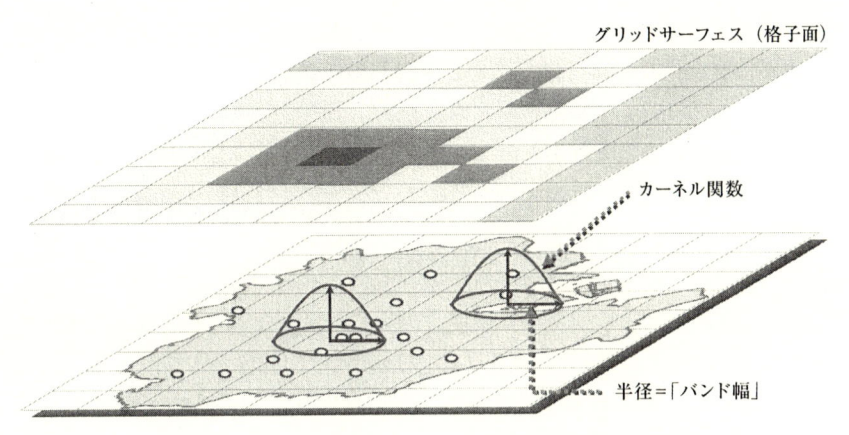

図 7.2 カーネル密度推定法による犯罪発生地点の密度分布地図

じめ犯罪やその他の不法行為が多発している地区に的を絞ったパトロールを行った場合には，それらの地区でのパトロール警察官の延べ滞在時間を約 2 倍にし，犯罪発生を半分以下にすることができたという．

このように犯罪が集中する地区や時間帯は，犯罪の「ホットスポット」や「ホットタイム」と呼ばれ，それらを検出することが，犯罪の地理的分析の重要な課題の1つとなっている．とくに，1990 年代後半頃から，犯罪発生地点のポイントマップに 2 次元のカーネル密度推定を適用して犯罪発生地点の密度分布図を作る手法が紹介され，現在，犯罪のホットスポット分析の主流になっている（図 7.2）．後でも触れるとおり，わが国の警視庁がインターネット上で公開している「犯罪発生マップ」も，この手法で作成されたものである．

7.2.2 犯罪のリスク要因に関する疫学的分析

GIS による犯罪の地理的分析は，犯罪の多発地区などを把握するのに役立つばかりでなく，そのような地区で「なぜ」犯罪が多発するのかを検討するためにも役立つ．ただし，緯度経度のような空間的な位置そのものが犯罪の原因になることはありえないから，ある地区で犯罪が多発している場合には，その地区（あるいは，その周辺地区）のもつ何らかの特性が，犯罪の誘因になっていると考えることになる．

このような考え方を理解するには，19 世紀半ばのロンドンでコレラの大流行

をくい止めた，英国の医師スノウ（J. Snow）の研究が参考になる．スノウは，コレラの発病が汚れた水を飲むことと何らかの関連をもつのではないかと疑い，コレラによる死者の発生地点を示す地図の上に市内の井戸の所在地を重ね合わせて描き，コレラによる死者がある1つの井戸の近辺に集中していることを見出したのである．この井戸を閉鎖することによって，市内のコレラの大流行は収束した．これは，ドイツの医学者コッホ（H. H. R. Koch）によってコレラ菌が発見される約30年前の1854年のことであった．

このように，発病者の地理的分布などのパターンから，その病気と関連をもつ要因を探ろうとする分析は，「疫学（epidemiology）」的分析と呼ばれる．これに対して，コッホの研究のように，ある特定の病原体を突き止めようとする研究は，「病因学（etiology）」的研究と呼ばれる．犯罪や非行を引き起こす特定の病原体などが存在しないことは常識的に明らかであるから，犯罪研究では，疫学的アプローチがきわめて重要な意義をもつ．GISによる地理的犯罪分析は，これを強力に支援するものなのである．

とはいえ，GISの導入で問題のすべてが解決するはずがないことも明らかである．感染症の疫学研究のために病気そのものの知識が不可欠であるのと同じように，犯罪や非行の疫学的研究のためには，犯罪や非行に関する基礎知識や，これまでの犯罪研究の蓄積を踏まえた検討が必要なのである．

7.2.3 犯罪の機会の分析と「状況的犯罪予防」

先に述べたシカゴ学派犯罪学に典型的にみられるように，犯罪の地理的側面を扱った初期の研究では，犯罪者や非行少年がどのような地区で生まれ育ったのかに関心の中心があった．これに対し，近年の地理的犯罪分析では「犯行地点」の分析に独自の意義が認められるようになっている．

その背景となったものは，ある状況下では犯罪を行う人がつねに「いる」ことを事実上前提としたうえで，結果として犯罪の被害を発生させないための条件は何であるかを探ろうとする，新しいタイプの犯罪予防論が台頭してきたことである．これらは，「環境設計による犯罪予防」（crime prevention through environmental design : CPTED）や「状況的犯罪予防」（situational crime prevention）と呼ばれるものである．

状況的犯罪予防論の理論的基盤は，フェルソン（M. Felson）らの犯罪学者が

提唱した「日常活動理論（routine activity theory）」である．かれらは，従来の犯罪理論の多くが，犯罪の原因や対策をもっぱら犯罪者（＝加害者）の側から説明しようとしていると批判し，犯罪（の被害）の発生には，① 犯罪企図者，② 犯罪の対象物，③ 監視者（の不在）という3つの要素が必要であると指摘した．また，人々の生活に身近な犯罪の大部分は，特殊な動機などに突き動かされた人物の不可避的な行為というよりは，多少なりとも合理的な状況判断に基づいて選択される行為とみるべきだとし，そのような得失計算の結果として犯罪敢行にメリットがあると判断されるような，「犯罪の機会(opportunity of crime)」を減らすことを，犯罪対策の主眼とすべきであると主張した．

この新たな理論的観点の登場によって，犯罪・非行者の生育環境という従来の観点とは異なった，犯行を容易・困難にする「場所」の特性に関する研究に，独自の意義が認められるようになったのである．

1990年代以降，こうした観点に立つ犯罪の地理的分析が急速に進展した．これらは「場所と犯罪（crime and place）」研究と総称されている．ここでいう「場所(place)」とは，シカゴ学派などが注目した「近隣地区(neighborhood)」よりもさらに小さい領域であり，たとえば街角，所番地で表される地点，建物または道路の一角などである．このような小地域に着目した分析は，紙地図の時代には不可能だったものである．GIS技術の発展と普及とが，こうした新しいタイプの地理的分析を可能にしたのである．

7.2.4 犯罪対策の効果と波及効果の分析

GISを用いた分析は，犯罪対策の効果を検討するためにも，大きな意義をもっている．特に，犯罪多発地区などに狙いを絞った対策をとった際に，周辺地区などへの波及効果をも含めた分析ができることが重要である．

以前から，特定の地区だけを対象として犯罪対策を講じると，それに隣接する地区などに犯罪が「転移(displace)」する可能性が指摘されてきた．一方，これとは逆に，例えばある地区で防犯灯を増強した後，その周辺地区で，そこでは防犯灯が設置されていないにもかかわらず事件の減少がみられたというように，周辺地区への「利益の伝播(diffusion of benefits)」が起こる可能性も指摘されている．

GISは，このような周辺の地区への波及効果を検討したい場合に，大きな力を

発揮する．

たとえば，バワーズ（K. Bowers）とジョンソン（S. Johnson）[3]は，犯罪の転移や利益の伝播に関する分析のための領域の定義に，GISのバッファ作成・空間検索機能を用いる手法を提唱している．

バワーズとジョンソンによれば，犯罪の転移や利益の伝播について検討するためには，(A)防犯施策が実施された地区（"action area"），(B)A地区に隣接し，A地区で実施された活動の波及効果を受ける可能性のある地区（"buffer area"），および(C)A地区・B地区での変化によって影響されないと考えられる対照地区（"control area"）の3つを考慮する必要があるという．これら3つの地区での，犯罪対策の実施前・実施後の犯罪率の変化をもとに，かれらが「加重転移指数（weighted displacement quotient: WDQ）」と呼ぶ指標値を計算することによって，犯罪の転移や利益の伝播の程度を計量的に示すことができるという．すなわち，加重転移指数がマイナスの値であれば周辺地区への犯罪の転移が，プラスの値であれば利益の伝播が起こったと考えられ，その値がゼロであれば，犯罪の転移も利益の伝播も起こらなかったと解釈できるという．

図7.3は，かれらの提唱する手法を用いて，わが国の繁華街に設置された防犯カメラの犯罪予防効果と周辺地区への波及効果の検討を試みたものである．防犯カメラの設置前1年間および設置後1年間の路上犯罪のデータを用い，かれらの示した手順に従って加重転移指数を試算した結果が，−0.1程度の小さなマイナスの値となった．すなわち，この場合は，周辺地区への犯罪の転移がわずかに起こったとみられるが，その程度は小さかったと考えられる．

このように，特定の地域や対象に的を絞った犯罪対策の効果や波及効果を検討するには，GISによる地理的犯罪分析が有用である．特に，従来，状況的犯罪予防論などの主要な問題点とされてきた犯罪の転移の問題を，新たな実証研究の俎上に載せることの意義は大きいと思われ，今後の展開が期待される．

7.3 犯罪データの特徴と要留意点

犯罪に関するデータを扱う際には，注意の必要な点がいくつかある．なかでも特に重要なことは，①「犯罪」と呼ばれるものが，実はきわめて多様な行為を含んでいること，②犯罪のなかには，発生したのに届けられないものや，届けら

7.3 犯罪データの特徴と要留意点

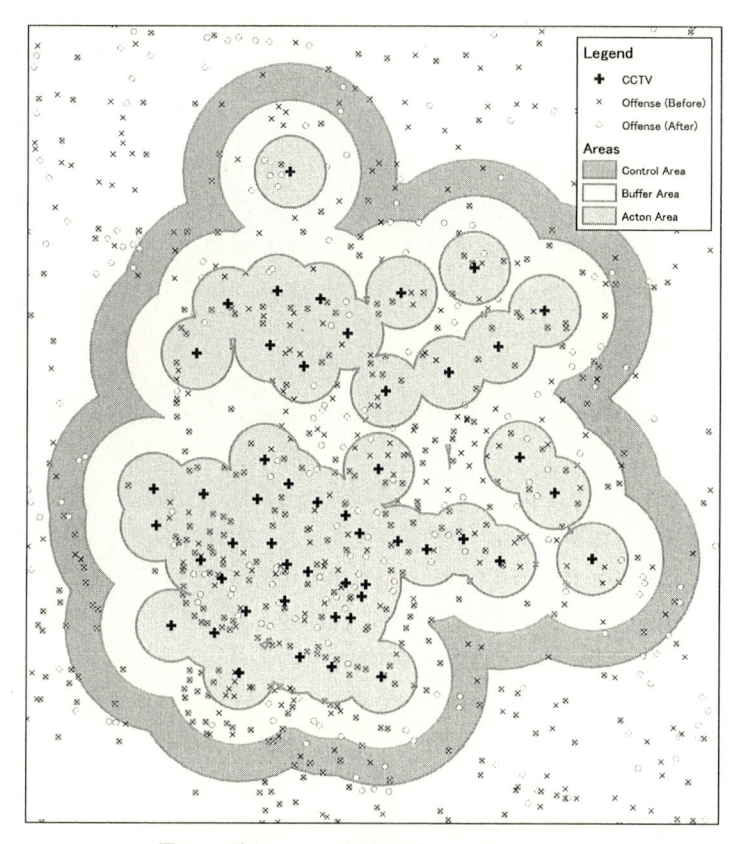

図7.3 防犯カメラの設置に伴う犯罪の転移の検討

れたのに犯人が捕まらないものがあり，正確な数を把握するのが事実上不可能であることである．また，特に地理的分析を行う際に問題となる点として，③ 犯罪の発生地点や発生時刻などの記録が，さまざまな誤差や歪みをもっている可能性があることにも留意が必要である．

7.3.1 犯罪の定義と類型

犯罪とは，法律で禁止され刑罰が科される根拠となる行為の総称である．したがって，一口に犯罪といっても，その内容は実にさまざまである．

ここで重要なことは，これらの多様な犯罪の類型ごとに，その発生の地理的分

布や時間的な変動が大きく異なることである．例えば，「暴行」や「傷害」などの犯罪は，鉄道のターミナル駅付近の盛り場などに強く集中した分布を示す．また，ひったくりは，1日のなかでの時間帯によって発生地点の分布が大きく異なり，深夜にはもっぱら繁華街の近辺に集中し，午前中はほとんど発生せず，午後から宵の口にかけては住宅地区周辺に広く分布する．このように，さまざまな類型の犯罪がそれぞれ異なる分布を示すため，これらを一括してしまうと，多様な傾向が相互に打ち消しあって，さっぱり分布の特徴が見えないという結果になりかねない．

　こうした事態に陥らないために，犯罪データの分析を行う際には，「犯罪」と総称される行為の内訳，すなわち下位分類に関する基礎的な知識をもっている必要がある．

　後でも述べるように，GIS による地理的分析の素材となる犯罪データは，多くの場合，警察に「認知」された刑法犯である．したがって，犯罪の種類などの区分方法や各分類カテゴリーの名称なども，警察の用語法によってみておくのが便利だと思われる．

　わが国の警察の犯罪統計では，犯罪の年次別の推移などを示す際に用いる，代表的な犯罪の指標としては，「交通関係業過を除く刑法犯」の「認知件数」を用いることが多い．ここでいう「刑法犯」とは，刑法およびそれに準じる刑罰法規で規定された罪を指している．また，「交通関係業過」とは，「交通関係の業務上過失致死傷罪」すなわち自動車などを運転中の交通事故で人を死傷させた罪のことであり，通常の犯罪とは性質が異なるために，犯罪統計ではこれを除いた数として示すことがふつうである．なお，「刑法犯」以外の犯罪は「特別法犯」と呼ばれるが，特別法犯の多くは薬物犯罪や出入国管理法違反などのように当局の活動によって摘発されるものであり，その数の増減が取り締まり機関の活動状況に左右される度合いが大きいため，刑法犯とは分けて扱われる．

　警察の犯罪統計では，刑法犯に含まれるさまざまな犯罪は，大きく「凶悪犯」「粗暴犯」「窃盗犯」「知能犯」「風俗犯」「その他」の6つの「包括罪種」に区分される．それぞれの包括罪種の下位分類である「罪種」およびその「内訳分類」は，表7.1に示すとおりである．

　ここで注意すべきことは，「空巣」や「ひったくり」などの用語が表7.1には出てこないことである．これらは，罪名ではなく，窃盗の「手口」を表す用語だ

表 7.1 警察の犯罪統計による刑法犯の分類

（包括罪種）	（罪　種）	（内訳罪名）
凶悪犯	殺　　人	殺人罪，嬰児殺，殺人予備罪，自殺関与罪
	強　　盗	強盗殺人罪（致死を含む.），強盗傷人罪，強盗強姦罪（致死を含む.），強盗罪・準強盗罪（強盗予備，事後強盗，昏睡強盗）
	放　　火	放火罪，消火妨害罪
	強　　姦	強姦罪，強姦致死傷罪
粗暴犯	凶器準備集合	凶器準備集合罪，凶器準備結集罪
	暴　　行	暴行罪
	傷　　害	傷害罪，傷害致死罪，現場助勢罪
	脅　　迫	脅迫罪，強要罪
	恐　　喝	恐喝罪
窃盗犯	窃　　盗	窃盗罪
知能犯	詐　　欺	詐欺罪，準詐欺罪
	横　　領	横領罪，業務上横領罪
	偽　　造	通貨偽造罪，文書偽造罪，支払用カード偽造罪，有価証券偽造罪，印章偽造罪
	汚　　職	賄賂罪（収賄罪・贈賄罪），職権濫用罪（致死傷を含む.）
	あっせん利得処罰法	公職にある者等のあっせん行為による利得等の処罰に関する法律に規定する罪
	背　　任	背任罪
風俗犯	賭　　博	普通賭博罪，常習賭博罪，賭博開帳等罪
	わいせつ	強制わいせつ罪（致死傷を含む.），公然わいせつ罪，わいせつ物頒布等罪
その他	上記以外の罪種	

（「平成19年の犯罪」（警察庁，2008））

からである．また，さまざまな窃盗の手口は，「侵入盗」（屋内へ侵入して行う窃盗），「乗物盗」（自動車・オートバイ・自転車の窃盗），「非侵入盗」（これら以外の窃盗）の3つにまとめられることもある．なお，自動車の窓などをこじ開けて車内に置いてあった金品を盗む行為は，「車上狙い」と呼ばれ，非侵入盗の一種である．

このように，犯罪の分類やその定義には，独特の用語法がある．犯罪データの分析を的確に行うためには，これらの用語法に慣れることが必要である．警察による用語法に関しては，警察庁が毎年刊行している犯罪統計『平成○○年の犯罪』の凡例のページに，ある程度詳しい説明がある．

7.3.2 犯罪の認知と「暗数」

犯罪データを扱う際に注意の必要な第2の点は，警察などの公的機関に犯罪として記録されたデータは，実は「氷山の一角」かもしれないことである．

上記の『平成○○年の犯罪』などでは，犯罪の「発生件数」とはいわず，「認知件数」という用語が使われている．認知件数とは，捜査機関が発生を知った犯罪の件数のことである．「発生件数」でなく「認知件数」というのは，発生したのに捜査機関には「知られなかった」犯罪があるからである．その数のことを，犯罪の「暗数」と呼び習わしている．

警察などの官庁が記録したデータを扱う際には，つねにこの「暗数」の存在を意識している必要がある．特に，わが国の犯罪の大部分を占める軽微な窃盗などには，暗数化するものが多いといわれている．したがって，記録されたデータが犯罪の発生実態やその変化を正しく反映していると素朴に信じることは危険である．データに現れた変化が「暗数」率の変化に還元できないか想像をめぐらすなど，批判的な吟味を忘れないことが大切である．

7.3.3 位置・時刻の測定精度や歪み

犯罪のデータをGISで扱う場合には，犯罪の発生地点や発生時刻などに関する独特の問題点にも注意が必要である．

犯罪の発生地点は，自然科学のデータなどの場合と異なり，例えばリモートセンシングなどの方法で直接「測定」できることはまれである．被害者からの通報に基づいて，「○○町○丁目○番○号先路上」のように，所番地の情報に基づいて文字で記載されるのが通例である．このように所番地などで表された位置情報は，緯度経度などとして直接測定された位置情報と対置して，「間接的位置参照」で表される情報と呼ばれるものである．この種の情報をGISに載せるためには，「アドレスジオコーディング」などの技術によって，所番地の情報を緯度経度などの直接的な位置参照情報に変換する必要がある．

アドレスジオコーディングには，さまざまな誤差や困難が伴うものだが，特にわが国では，住所標記に住居表示方式（「○○町○丁目○番○号」の形式）と旧来の地番方式（「○○町△△△△番地」）が混在していること，京都市のような独特の複雑な住所表記法を用いる地区があることなど，多くの問題があり，犯罪データの地理的分析にとっての大きなハードルの1つになっている．したがっ

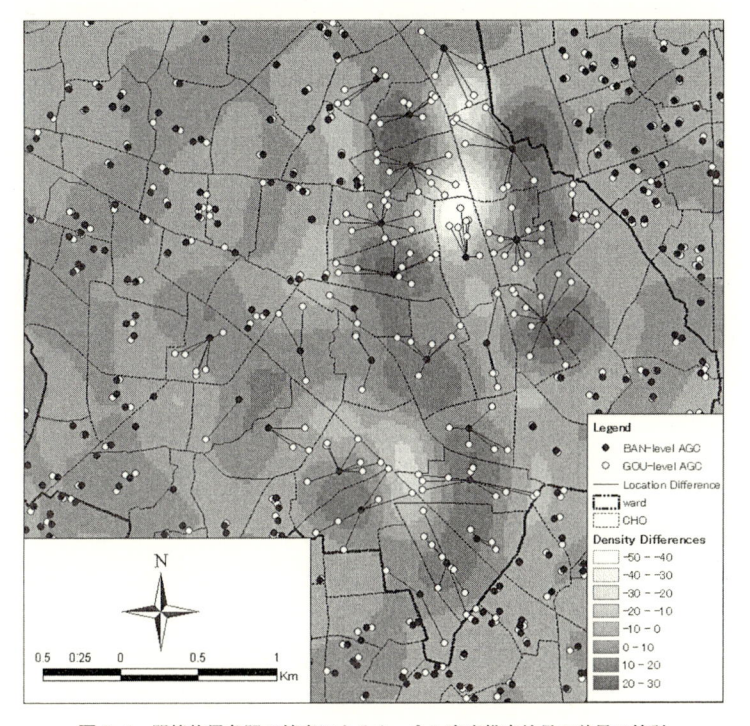

図7.4 間接位置参照の精度によるカーネル密度推定結果の差異の検討

て，GIS上にすでにマッピングされた犯罪データがあったとしても，その位置精度にどれくらい信頼性があるかどうかに関しては，注意深く吟味する必要がある（図7.4）．

また，このような，ある程度一般的な問題とは別に，ある種の犯罪に関しては，位置情報の精度や誤差の問題とは異質な，特有の問題がある場合もある．

筆者は，GISによる犯罪データの分析を始めて間もないころ，「すり」の発生が鉄道の駅周辺に集中していると言って，ベテランの警察官に笑われたことがある．少し頭を使えばわかるとおり，「すり」の被害は，どこで起こったかが被害者にはわからない場合がほとんどである．混雑した電車の中などで「すり」にあって，駅で下車して財布のないのに気づき，あわてて駅前交番に届ける．被害者はいつ・どこで被害にあったかわからないから，届出先の駅前交番の住所が被害記録に記載されることになる．だから「駅のそば」が多くなるわけである．

似たような問題は，犯罪の「発生時刻」に関してもみられる．その典型は空巣などの侵入窃盗である．この種の犯罪は，3日間の家族旅行に出かけて，帰ってきたら自宅が泥棒の被害にあっていたという形で発覚する．したがって，被害の発生時刻は，「出発前から帰宅時までのいつか」であることしかわからない．したがって，最近では，犯罪の認知記録などに発生日時に関する項目を2つ用意し，「○月○日○時から」「○月○日○時まで」の間という形で記録されることが普通になっている．また，分析に際しても，このような時間的な不確定性に配慮することが必要である．たとえば，時間帯別の犯罪発生率などを計算する場合に，発生時刻が不確定なケースについては，1件の事件を，発生した可能性のある時刻の起点から終点までの時間帯に按分して計上するといった方法が提案されている．

窃盗というものは，そもそも「人の目を盗んで」行われるものである．それ以外の犯罪に関しても，犯罪者の側からすれば，できるだけ発覚を避けたいはずである．このことが，犯罪のデータに特有の不確定性や歪みをもたらす場合が多い．どのような種類の犯罪のデータにどのような問題が伴いがちかは，おそらくデータ自体からはわからないことである．だからこそ，犯罪データの分析にあたっては，犯罪そのものに関する知識と洞察とが不可欠なのである．

7.4 わが国における地理的犯罪分析

わが国において犯罪の地理的分析を行った研究は，社会学的な犯罪研究の始まった早い時期に数多く現れている．その代表的なものが，先に触れた東京家庭裁判所による『東京都における非行少年の生態学的研究』[1]である．

このような，公的な犯罪・非行データを紙地図上にマッピングするタイプの研究は，1950～1960年代に相次いで実施されたが，その後退潮していった．それ以降の研究は，小地域を対象とした現地実査による研究を別とすれば，都道府県や市区町村などの行政区単位，もしくは「メッシュ統計」と呼ばれる方眼単位などの形でまとめられた集計データに基づくものが大部分であった．GISを用いた犯罪研究が本格化するのは，1990年代後半からである．以下，われわれ自身の経験を中心に，GISを用いたわが国での犯罪研究について述べる．

7.4.1 犯罪の密度分布地図と「犯罪発生マップ」

われわれが GIS による地理的犯罪分析に関する研究を始めたのは，1995 年頃である．当時の取り組みは，① 海外などでの先行事例の収集・検討，② 基盤的技術動向の分析，③ これらを踏まえたプロトタイプ（雛形）システムの作成と評価などが中心であった．このころは，まだ大縮尺のデジタル地図がきわめて高価で，簡便に使えるアドレスジオコーディングの仕組みもなく，すべてが試行錯誤の連続であった．

その後の予備的な研究開発を経て，2000 年頃から，わが国の犯罪データによる実質的な分析が可能になってきた．当時の研究成果としては，東京 23 区を分析対象として，道路や建造物の特徴などの「構築環境」と犯罪発生との関連を検討した分析や，カーネル密度推定法を用いたひったくりの地理的分布とその変動に関する分析などがあり，大規模な犯罪データを GIS で分析したわが国での研究のさきがけとなっている．

カーネル密度推定法による犯罪の密度分布地図は，どのような犯罪がどこでどれくらい多発しているかを，文字どおり目に見える形で示すことができる．この特徴を生かして，インターネットによる一般市民向けの犯罪情報の発信に密度分布地図を用いた最初の取り組みが，警視庁と科学警察研究所とが共同で作成した「犯罪発生マップ」（図 7.5）である．

この「犯罪発生マップ」は，東京都内で発生した犯罪の認知件数をもとに，各種の犯罪がどのエリアでどのくらい発生しているかを密度分布地図の形で見ることができるようにしたものである．犯罪の発生状況をわかりやすい色分け地図で示したため，犯罪発生マップは大きな社会的反響を呼んだ．この取り組みが 1 つの契機となって，その後，京都府や北海道など，各地の警察本部からも，カーネル密度推定法による犯罪密度地図が次々とインターネット上に公開されている．

7.4.2 多様な分析への展開

インターネットによる犯罪情勢地図の提供が広まったことは，わが国の犯罪問題を理解し，それへの対策を推進するために，GIS という新技術が役立つことを，国民に広くアピールする契機となった．しかし，このような犯罪地図の作成は，GIS を用いた地理的な犯罪分析のもつ多様な可能性のうちの，ごく一部分にすぎない．本章の前半でも述べた欧米での先行事例などを踏まえ，わが国でも多様な

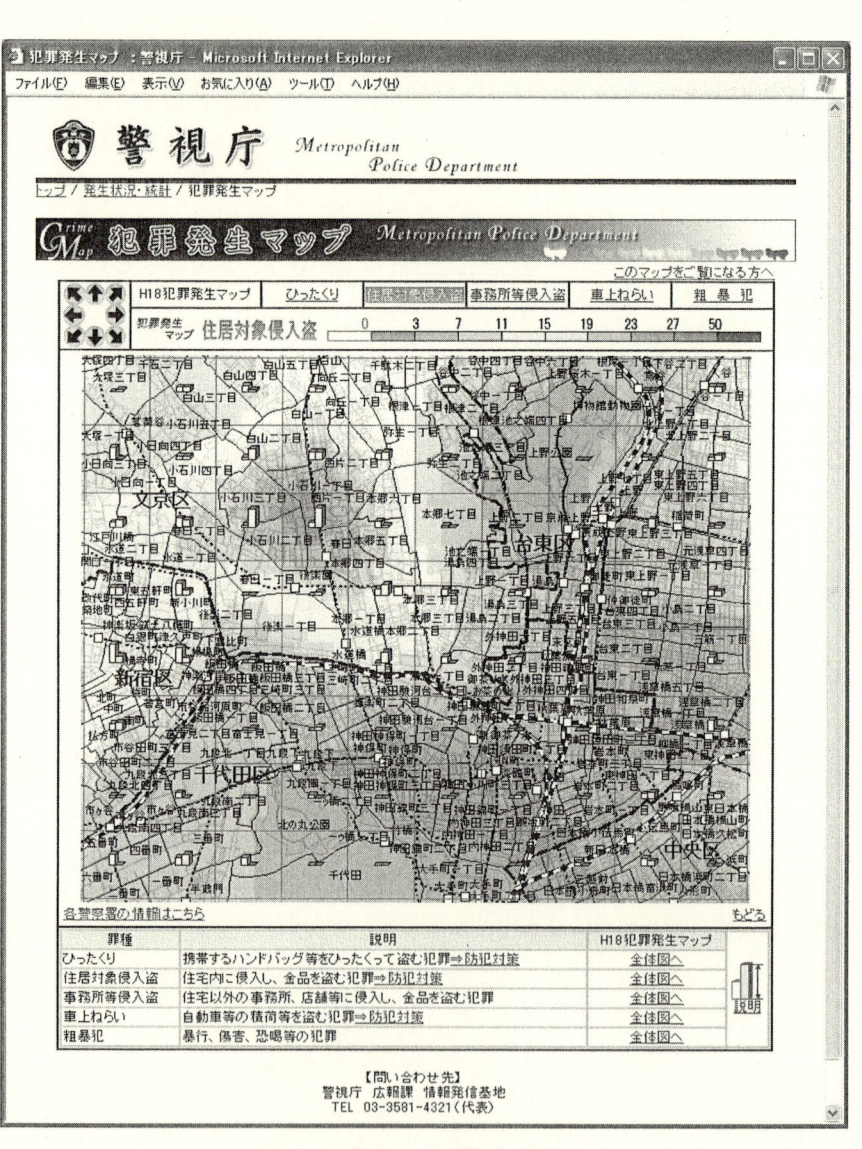

図 7.5 警視庁の「犯罪発生マップ」

展開が生まれている.

その1つは,空間統計学的な手法を活用した分析である.カーネル密度推定法による犯罪の密度分布地図は,直観的なわかりやすさの点では優れているが,犯罪の地理的集中の程度が,ランダムな分布と比べて統計的に有意な水準に達しているかどうかを判定したり,犯罪の対象物自体の分布を考慮した被害リスクの分析を行うことには難があった.これらの点を克服するため,局所的な空間的自己相関指標(LISA)を用いた分析が行われている.たとえば島田[4]は,この指標による分析の結果,1996年から2000年にかけての東京23区での中高層住宅対象の侵入窃盗の急増期に,被害の多発地区が,新宿区・渋谷区方面 → 板橋区・葛飾区方面 → 江戸川区・江東区方面へと大きく移動していることを指摘している.

また,犯罪対策の効果や,それに伴う犯罪の転移や利益の伝播に関する検討も行われはじめている.先に触れた「加重転移指数」による防犯カメラの効果と波及効果についての分析もその一例である.

一方,人々がどのような場所で犯罪の被害にあう危険や不安感を感じるかという,主観的な「犯罪リスク認知」や「犯罪不安感」の研究にGISを活用する研究も行われている.これらの研究では,質問紙による調査と並行して,被害の危険や不安感を感じる場所を地図を用いて尋ね,その回答をGIS上に登録して,多くの人が共通して不安を感じる場所の特徴を検討したり,実際の被害発生地点と不安を感じる地点の異同を検討したりするなどが行われている.

さらに,最近では,GPSなどの新たな測位技術を活用して,地域住民による防犯パトロールの経路を空間データ化し,さまざまな主体による自主的な防犯活動の重複によるムダや,活動地域の狭間の空白地区の発生などの有無を検討する試みも行われている.

このように,わが国においても,GISやその関連技術を用いた地理的犯罪分析は,多様な展開を見せ始めている.

7.5 地理的犯罪分析の今後

本章で述べてきたように,GISを用いた地理的犯罪分析には,さまざまな用途や可能性があり,また,それぞれに特有の問題点や課題も存在する.これらの点について,米国警察財団の犯罪地図研究所長であったボーバ(R. Boba)は,そ

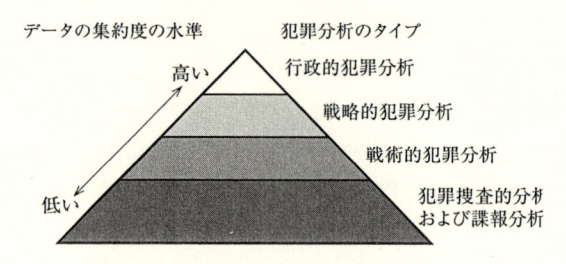

図7.6 地理的犯罪分析のさまざまなレベル

の目的や用いられるデータの種類などによって，犯罪分析を，
- ① 諜報分析（intelligence analysis）
- ② 犯罪捜査的分析（criminal investigative analysis）
- ③ 戦術的犯罪分析（tactical crime analysis）
- ④ 戦略的犯罪分析（strategic crime analysis）
- ⑤ 行政的犯罪分析（administrative crime analysis）

の5つに分類し，これらが犯罪分析全体のなかでそれぞれどのような位置を占めるかを，図7.6のような模式図によって示している．

wwwページなどに掲載するための犯罪情勢地図の作成は，ここでいう「行政的犯罪分析」に相当するものである．ボーバによれば，行政的犯罪分析とは，犯罪研究・分析で得られた知見を，警察の政策形成部門，政府や議会，市民などへの情報提供に適した形で表現したものであり，その意味で，犯罪に関するデータの分析そのものというよりはむしろ，分析の結果を関係者に広く伝えることを主眼とするものだという．

一方，図7.6で最も下の層に示された諜報分析と犯罪捜査的分析とは，いずれも，犯罪の加害者を特定して検挙することを最終目的とするものである．両者の相違は，諜報分析が主として組織犯罪の検挙を目的として行われるのに対し，犯罪捜査的分析は主に連続犯罪の検挙を目的として行われることである．ボーバによれば，この種の犯罪分析は，対象となる事件の発生頻度が低いこともあって，犯罪分析のなかでは特殊なタイプのものであるという．

これらに対し，図7.6のなかで中間的な層に示されている「戦略的犯罪分析」と「戦術的犯罪分析」とは，より広範な応用可能性をもつものである．ここでいう戦術的犯罪分析とは，比較的短期間の犯罪発生状況などのデータから，その地

理的・時間的なパターンや連続性を迅速に検出し，適切な対応部門に通知するために行われる分析である．また，戦略的犯罪分析とは，より大局的な観点から警察活動などの計画と効果測定とを支援するための分析である．

以上のようなボーバによる犯罪分析の類型化は，地理的犯罪分析の多様な可能性のなかで，われわれがこれまでに何を達成し，何が今後の課題であるかを知るための目安になると思われる．例えば，犯罪発生マップなど，インターネットによる犯罪情勢地図の提供は，GISを用いた地理的犯罪分析の応用範囲のごく一部分を占めるものにすぎないのである．

また，犯罪分析の各類型間に，図7.6のような階層構造があるという指摘も重要だと思われる．なぜなら，このことは，例えば戦略的犯罪分析のために収集・分析されたデータのなかから，インターネットによる犯罪情報提供に適したデータを抽出・集約し，これを行政的犯罪分析の一環としての「犯罪発生マップ」作成に用いるといったように，各レベルの分析のために収集・蓄積されたデータを，他のレベルとも共用し，多角的に活用することが可能であり，必要であることを物語っているからである．

筆者は，これらの多様な応用のなかでも，今後特に重要であり，かつ新たな開拓の余地が大きいものは，ボーバの分類でいう「戦略的犯罪分析」と「戦術的犯罪分析」とに相当する部分だと考えている．なぜなら，これらは，一般の人々にとって身近な犯罪を主な対象とし，それらの被害を未然に防ぐ対策の形成やその効果の測定に最も役立つ分析だからである．

わが国では，これまで，犯罪の未然防止を目的とした実証研究や，厳密な手法による防犯対策の効果の検証は，きわめて不十分であった．しかし，海外では，すでに「科学的根拠に基づく犯罪予防（evidence-based crime prevention）」という考え方が大きな影響力をもちはじめている[5]．この考え方に立つ犯罪学者たちのあいだでは，犯罪情勢の的確な把握に基づく狙いを絞った対策をとることが，効果的で効率的な犯罪予防のために最も有効だということが，ほぼ定説となっている．GISを用いた地理的犯罪分析は，こうした科学的根拠に基づく犯罪予防のための強力なツールとして期待されているのである． ［原田　豊］

引用文献

1) 最高裁判所事務総局 (1958):東京都における非行少年の生態学的研究 — 昭和三一年度マッピング調査の分析.家庭裁判資料,最高裁判所事務総局.
2) Harris, K. (1999): *Mapping Crime : Principle and Practice*, Crime Mapping Research Center.
3) Bowers, K. and Johnson, S. (2003): Measuring the geographical displacement and diffusion of benefit effects. *Journal of Quantitative Criminology*, **19** : 275-301.
4) Shimada, T. (2004): Spatial diffusion of residential burglaries in Tokyo : using exploratory spatial data analysis. *Behaviormetrika*, **31** : 169-181.
5) 原田 豊 (2003-2004):根拠に基づく犯罪予防,(1)-(3).警察学論集,**56**:68-80,**56**:122-138,**57**:188-207.

8 医療・保健・健康とGIS

8.1 保健医療分野におけるGISの応用

社会に急速に浸透しているGISは,保健医療分野にも応用されている.医療行為そのものにGISが応用されることはほとんどないが,医療行政や疾病対策を含む公衆衛生活動に不可欠な存在になりつつある.

保健医療分野における主なGIS応用研究を分類すると,①疫学研究での活用(空間疫学分析),②保健医療サービスの計画・評価(保健医療計画),③感染症媒介生物の駆除やモニタリング(ベクタコントロール),の3つに整理できる.さらに,これら研究分野に加えて,保健医療情報の配信サービス(保健情報コミュニケーション)など,実務レベルでGISが応用されている.

疫学は,人間集団における疾病の発生に関する学問であり,疾病のリスク要因を明らかにすることを目的としている.疫学の研究対象や方法はさまざまであるが,位置情報をもつデータから疾病のリスク要因に迫るアプローチは,空間統計解析を援用することから,特に空間疫学と呼ばれている.空間疫学研究では,例えば,疾病統計データを用いた地域集積性の検出,古い廃棄物焼却場が周辺住民に与える健康リスクの評価,疾病の地域差を説明できる地域リスク要因の探索などが行われている.

保健医療計画研究では,医療施設への近接性評価,医療資源の最適再配置,保健医療政策の合意形成や政策立案のための科学的根拠の提供などが行われている.国家や地域医療計画レベルのものもあれば,病床マネジメントなど個別の病院レベルまでさまざまである.

ベクタコントロールでは,感染症媒介生物の生態解析,つまり,どのような条

件だと感染症媒介生物が生息できるかについてGISを用いて調べることができる．例えば，熱帯感染症を媒介する蚊の生息域が地球温暖化により拡大しており，このまま温暖化が続けば，その生息域の北限がどこまで北上するのかを調べることができ，将来の地球温暖化による熱帯感染症大流行に備えることができる．

これら以外にも，人体の臓器をGIS上に再現しようとする試みや，気象情報をGISに組み込むことにより，危険物質の拡散とその影響を受ける住民の把握をする研究もある．大気汚染測定などGISを用いた環境モニタリングは，人々の健康に深く関わる．

本章では，最初に保健医療分野におけるGIS応用のフレームワークを示し，次に保健医療分野における地理情報データの種類や性質を解説したあとに，疾病地図，疾病の地域集積性，地域相関分析，保健医療計画について，それぞれの方法論や応用事例を紹介する．

8.2 情報収集から政策立案まで

保健医療分野におけるGISの応用を「認知-モデル化-観念の創造」という切り口から眺め直すと，図8.1のようになる．これは，情報収集-分析-意思決定

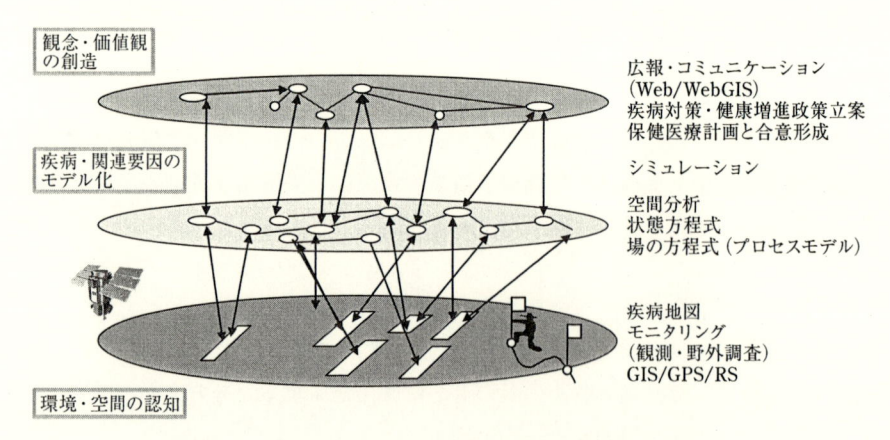

図8.1 保健医療分野におけるGIS応用の3層（谷村，2006）[2)]
福井（2001）[1)]のジオインフォマティクスの3層を参考に作成した．

と言い換えてもよい.

「環境・空間の認知」の層では,人工衛星の信号から位置情報を測定するGPS (global positioning system) を援用した野外調査,人工衛星から送信されるリモートセンシング (remote sensing: RS) データの利用,既存の地図情報との重ね合わせ,国勢調査など統計データとの連結など,さまざまな情報源から地理情報を統合し,何らかの主題(例えば,疾病の分布)をもつ地図を作成しながら,環境や空間の認知を行う.人的医療資源の分布図や人口密度の分布図を眺めるのも,また疾病の地域集積性の検出を行うのもこの層である.

次に,「疾病・関連要因のモデル化」の層では,認知された事象を分析し,その規則性や因果関係を解明し,モデル化を行う.地域リスク要因から疾病の地域差を検討する地域相関分析はこの層にあたる.また,媒介蚊の分布予測モデルもこの層である.構築したモデルを用いてシミュレーションを行うと,疾病流行動向への理解が深まる.

「観念・価値観の創造」の層では,分析により明らかにされた知見(科学的根拠)に基づいて,新しい観念が具象化され,価値判断の基準や信条となり,それが拡散・流通することによって,合意形成が行われ,政策立案につながる.また,空間的なものを伝える場合には,文字や言葉よりも視覚化したものの方が圧倒的に伝達力があり,このような空間的な構造をもつ概念を対象としたリスクコミュニケーションにGISは有用である.

これら3つの層は,情報収集から政策立案までの流れのなかで等しく重要であるが,要求される知識と技能は大きく異なり,それぞれの層における専門家が必要である.

8.3 保健医療の地理情報データ

保健医療に関連する情報データは,人口静態統計,人口動態統計,疾病統計(国民生活基礎調査,患者調査),医療施設調査,国民健康・栄養調査のような政府機関や公的機関による衛生統計,および私的機関や研究者による独自の調査データがある.それらのなかで,位置情報をもつ情報データは,地理情報データとしてGISの中で統合的に利用できる.

保健医療の情報データを地理情報データとして扱う際に,データがもつ問題点

やデータモデリング手法が，データのタイプによって異なるため，データタイプを明確に意識する必要がある．地点データであるのか面域データであるのかという区別と，集計データであるのか非集計データであるのかという区別で4つのタイプに大別できる．

① 個票・地点データ：それぞれの患者の位置がわかっているデータタイプ．症例群と比較対照群を用意することにより，疾病の集積性を検討できる．

② 集計・面域データ：行政境界など適当な空間単位で患者数を数え上げた集計データ．疫学指標を容易に計算でき，コロプレス図を作成できる．

③ 個票・面域データ：患者のプライバシー保護のために，個票データではあるが，大きな空間単位でのみ利用可能なデータ．

④ 集計・地点データ：集計データだが地点として扱えるデータ．例えば，各世帯の子どもの数は，地点データであると同時に集計データでもある．

ここでは，最も一般的な個票・地点データと集計・面域データについて解説する．

8.3.1 個票・地点データ

個票・地点データは，最も精緻に分析ができるデータタイプである．しかし，個別のデータであるため，そのままでは集計が必要な疫学指標が計算できない．例えば，罹患率は，

$$罹患率（年間） = \frac{1年間の届出患者数}{年央の人口} \times 100,000$$

と定義され，原理的に集計せずには計算できない．有病率，死亡率，標準化死亡比（SMR）など他の疫学指標も同様である．そのため，個票・地点データから，原理的に集計を必要とする分子と分母をどのように得るのか，そのための工夫が必要となる．

1つの解決策として，字句通り集計してしまうという方法が考えられる．地点データを集計してしまうと，情報の損失は少なくないが，ともかく指標の計算は可能である．できるだけ小さい空間単位で集計すれば，情報のロスも少なくなる．

しかし，小地域集計ではいわゆる「少数問題」が発生し，指標の精度にばらつきが生じてしまう．例えば，人口1,000人・患者数50人のA村と人口40人・

患者数2人のB村では，有病率は百分率でどちらも5%になる．ここで患者が1名減った場合を考えると，A村は2.6%，B村は4.9%になる．A村はB村よりも変動が大きい．この変動の差は，人口規模の影響を受けているためと考えられる．

人口規模が小さい地域の指標が安定しないこの問題は，「少数問題」と呼ばれている．科学では，精度の異なる数値を比較することは望ましくないため，人口規模により精度がばらついた疫学指標を用いて地域比較することは避けるべきである．もちろん，人口規模が均一になるような空間単位を作成して集計すれば，この問題は解決するが，そうでないならば，個票・地点データを集計して疫学指標を計算するのは避けた方がよい．

個票・地点データから疫学指標を計算する際には，地点を密度平面に変換するカーネル密度推定法を用いるのが現実的である．カーネル密度推定法については後述する．

8.3.2 集計・面域データ

集計・面域データは，地域ごとに集計されたデータであり，政府が集計する疾病統計は，ほとんどがこのタイプである．この種のデータは，地域比較のための人口指標・疫学指標（罹患率，有病率，死亡率，標準化死亡比）を計算できる．また，分母人口構造が明らかな場合は，性年齢で疫学指標を調整できる．

しかし，集計・面域データにも，いくつかの問題点がある．

まず，第1に，集計単位の異なるデータ同士をどのようにして比較するのかという問題である．例えば，郵便番号地区で集計されたデータと小学校通学区で集計されたデータを比較したい場合に，空間集計単位が異なるためにそのままでは比較できない．この解決方法として，ポイントインポリゴン法や面積按分法が提唱されている．

第2に，前述の少数問題である．これにはベイズ法による補正がよく知られており，厚生労働省から公表されている統計データも，経験的ベイズ推計による補正がなされている．

第3に，可変面域単位問題とよばれる重要な問題がある．この問題に対する解決策がいくつか提示されているが，未だに抜本的な解決方法はない．

第4に，人口・疫学指標など「率」を計算するとき，分母人口の精度に注意を

払う必要がある．国勢調査データから分母人口を得るとき，国勢調査自体の精度もさることながら，国勢調査年と次の国勢調査年の間の推計人口の精度も問題になる．特に，分析地理単位が小さくなると誤差が大きくなる可能性がある．例えば，人口推計では10人のはずの小地区で，実は新築マンションが建設され入居者が新たに10人転入しており，実際には20人になっているということもあるかもしれない．分母人口を実際の半分にして「率」を計算すると，計算結果は倍の値になり，この誤差は大きい．

8.3.3 症例の位置

曝露から発症までの期間が長い疾病を取り扱う際に，場所への依存が小さい曝露（例えば，生活習慣）の場合は問題ないが，場所への依存が大きい曝露の場合は注意が必要である．なぜならば，曝露が場所に大きく依存するにもかかわらず曝露場所と発症場所のずれが大きくなる場合には，その分析結果が歪められ，発生リスク要因と疾病の間の因果関係について正しい結論が導かれないからである．さらに，曝露場所と発症場所がほぼ同じ場所であっても，有病期間が長い疾患の場合には，患者の移動が予想され，その量が無視できないほど多い場合には，死亡率のみを論じることは避ける必要がある．したがって，曝露場所，発症場所，現住所が同じであるかどうかつねに注意を払う必要がある．

8.4 疾病地図

疾病地図は，単純に疾病の地理的分布を視覚化するだけではなく，そこからリスク要因の仮説の設定，医療供給における地理的不公平性の確認，保健情報コミュニケーションなどさまざまな目的に用いられる．

8.4.1 ドットマップ

地点データの場合は，まずドットマップを描くことになる．ドットマップを作成すると，地点データの分布が視覚化され，その詳細を観察できる．

それぞれの個票・地点が離散している場合は特に問題はないが，例えば，集合住宅を1つの地点で表現している個票では，同じ地点に多数の人が重なることになる．こうなると，ドットマップの1つの点が，1人だけなのか，それとも多数

が重なっているのか判断がつかない．この問題は半透明の色を使うことで若干解消されるが，それでもすぐに限界が来る．

8.4.2 密度変換

ドットマップを密度平面に変換することを密度変換という．地点を密度に変換すると，疫学指標の計算が可能になる．密度変換にはいくつかの方法があるが，ここではカーネル密度推定法を紹介する．図8.2にあるように，対象地域にグリッドを作成し，カーネル関数で重み付けした近傍の点密度を各グリッドで計算することで，地点データの密度を連続的な面で推計する．ここで用いるカーネル関数には，4次(quartic)関数，一様(uniform)関数，イパネクニコフ(Epanechnikov)関数，ガウス(Gaussian)関数などがある．患者（症例）の居住地点と分母人口（対照）の居住地点がわかるとき，またはある疾患（症例）と別の疾患（対照）の患者の居住地点がわかるとき，それぞれのカーネル密度平面を計算することによって，すべての格子点で「率」を計算できる．例えば，分母人口と患者人口の密度平面をそれぞれ計算したら，すべての格子点で，患者数密度を人口密度で除すると有病率が計算できる．

カーネル密度推定法には2つの大きな課題がある．1つ目は，カーネル関数のバンド幅に推計結果が大きく左右される問題であり，2つ目は，対象地域の周縁部分で推計が不安定になる問題である．これらの問題に対する解決手法には，いろいろな手法が提唱されている．

図8.3は，症例・対照データから，カーネル密度推定法を用いて，対照に比べ

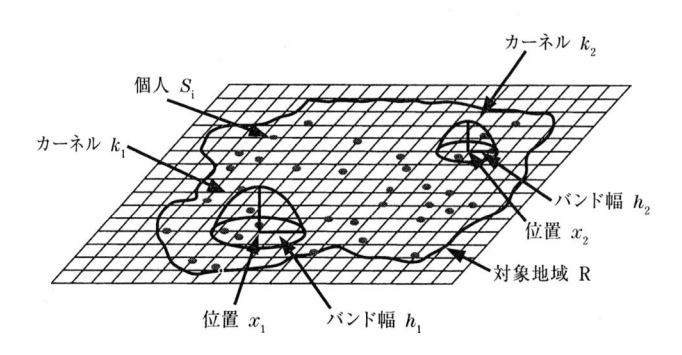

図8.2 カーネル密度推定法のイメージ図

(a) 肺がん（対照）　　　　　　　(b) 咽頭がん（症例）

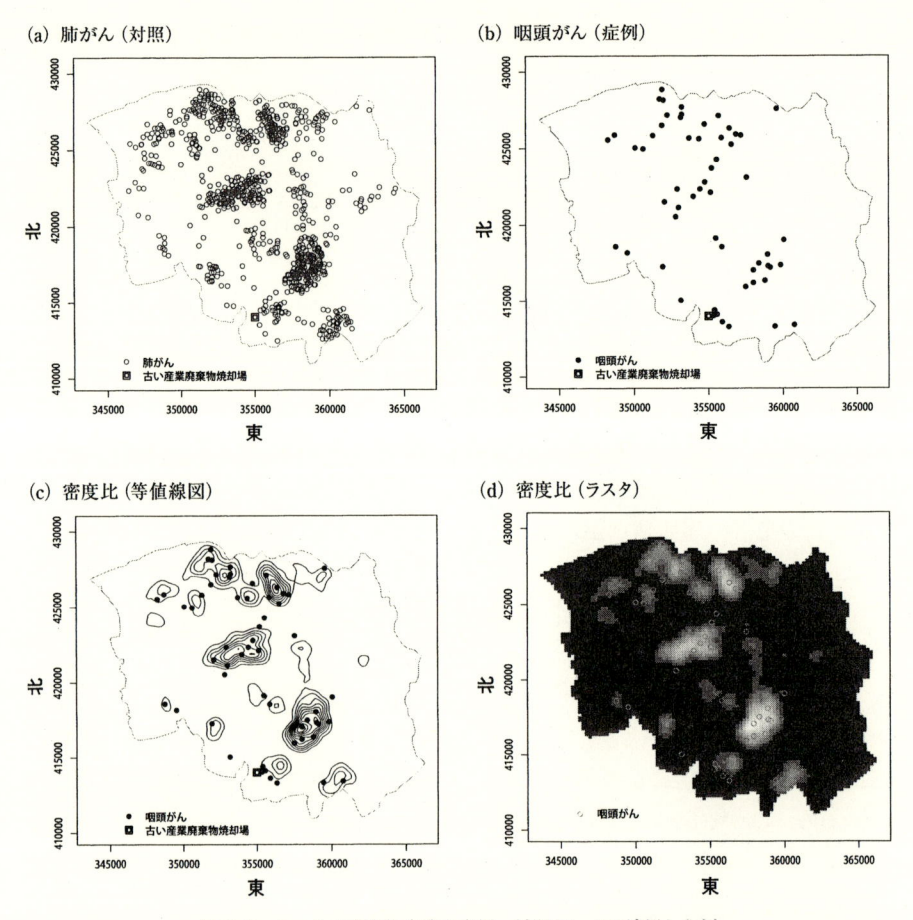

(c) 密度比（等値線図）　　　　　(d) 密度比（ラスタ）

図 8.3 カーネル密度推定法を症例・対照データに適用した例

英国ランカシャー州チョーリーブルにおける (a) 肺がんと (b) 咽頭がんの分布と古い産業廃棄物焼却場の位置を示す．カーネル密度推定法により得られた肺がん（対照）の密度分布と咽頭がん（症例）の密度分布の比を (c) 等値線図と (d) ラスタ画像で示す．カーネル関数は 4 次関数を用いて，バンド幅は 500 m にして計算した．すべての図の座標系は UTM 座標系であり，縦軸と横軸の単位はいずれも m である．

て症例が多い地域を視覚化したものである．

8.4.3 空間的補間

空間的補間とは，観測地点と観測地点の間を空間統計学的手法の応用により最

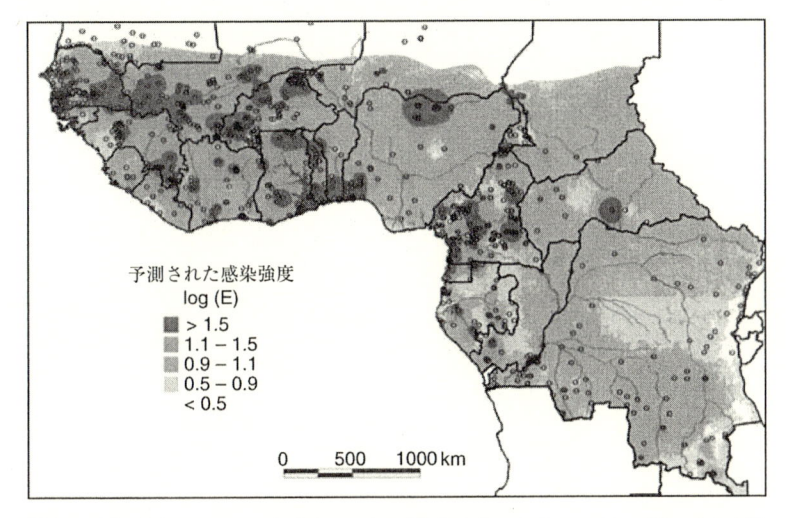

図 8.4 西・中央アフリカにおけるマラリア感染強度をベイズ-クリギング法により空間的に補間した図 (Gemperli et al., 2006)[4]
976地点（小円）のサンプルから，気温・降雨量・植生指数（NDVI）による季節変動モデルと Garki マラリア流行モデルを用いて得られた感染強度（E）は，次に他の環境要因を組み入れたベイズ地球統計モデルに当てはめられて，ベイズ-クリギング法により空間的に補間された．

適な形で補間する空間データ操作であり，その代表例としてクリギング（Kriging）法がある．クリギング法は空間自己共分散を用いた最適補間法であり，デジタル地図上の各地点の属性値からバリオグラムとよばれる距離と属性値の変化を表した関数を決定し，それに従って各地点の間を補間する．

空間的補間は，地点の位置それ自体ではなく，その地点がもつ数値に意味がある場合に用いられる．属性値で色分けしたドットマップでは判断が難しい全体の傾向が空間的補間法により明確化されることも少なくない．クリギング法はさまざまな疾病地図や媒介生物分布図で利用されている．図 8.4 はクリギング法を拡張したベイズ-クリギング法の適用例である．

8.4.4 コロプレス図

地域別の健康状況や疾病状況を比較検討するために，疫学指標の階級区分を行い，コロプレス図として視覚化されることは多い．観測された地域疫学指標は，局所モデルにより次のように考えることができる．

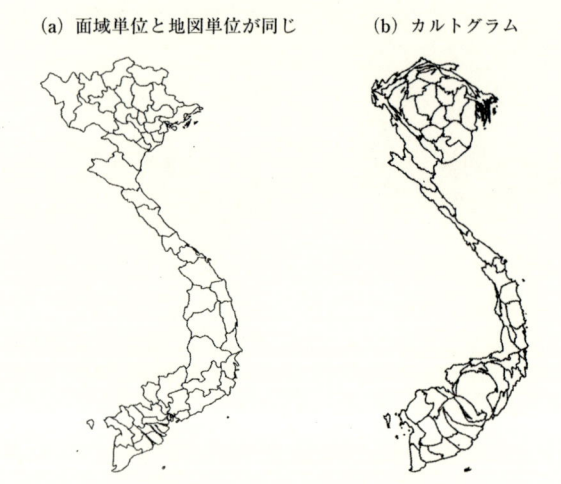

(a) 面域単位と地図単位が同じ   (b) カルトグラム

図 8.5 ベトナムの省境界線図
カルトグラム作成には省別人口を用いた．

疫学指標（観測値）の地域変動
＝真の疫学指標の地域変動＋疫学指標の偶発的地域変動

疾病地図では，真の疫学指標の地域変動が知りたいのだが，偶発的なノイズで疾病分布の傾向パターンが不明瞭になる．中谷[3]は，この解決方法として，次の3つのアプローチを提案している．

① カルトグラム：偶発的な変動は面域が小さいほど大きいので，空間単位の大きさを人口規模に応じて書き直し，人口規模が大きい地区を目立つようにする（図 8.5）．

② ポアソン確率地図：偶発的な変動の大きさを評価し，真の疫学指標の範囲を見積もる（図 8.6）．

③ ベイズ平滑化地図，各種空間的平滑化：何らかの方法で偶発的な変動成分を小さくする（図 8.7）．

a. ポアソン確率地図

地域の患者発生数に対して地域人口が十分大きいときポアソン分布に従うとみなすことができる．そこで，ポアソンモデルを適用し，実測値と期待値がどの程度離れているのか，その程度を確率で表現したものが，ポアソン確率地図である．確率が 0.05 以下の場合と 0.95 以上の場合を塗り分けた例を図 8.6 に示す．

8.4 疾病地図

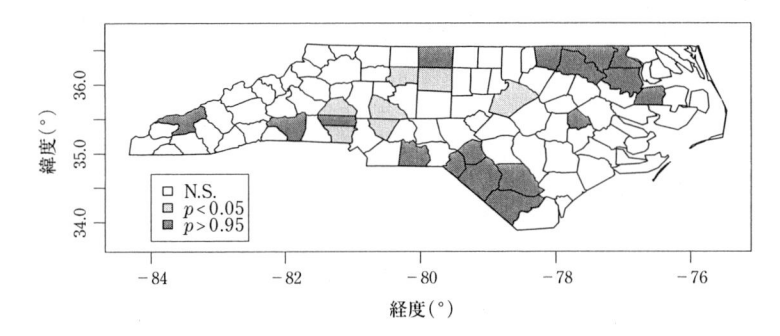

図 8.6 1974 年の米国ノースカロライナ州における SIDS 死亡のポアソン確率地図
p は確率，N.S. (not significant) は有意でないことを意味する．

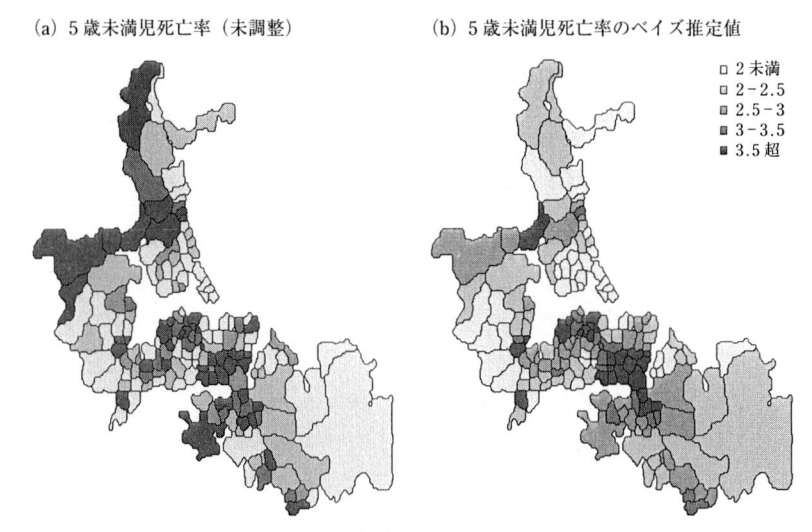

(a) 5 歳未満児死亡率（未調整）　　　　(b) 5 歳未満児死亡率のベイズ推定値

図 8.7 1977〜1985 年のオークランド市（ニュージーランド）における 1000 出生あたりの 5 歳未満児年間死亡数を用いたポアソン・ガンマモデルによる経験的ベイズ平滑化処理の適用例
調整には 1981 年の 5 歳未満児人口を用いた．

例えば有意水準 5% の場合，地域数が 100 あれば 5 地域程度が有意になるものが偶然の範囲内とみなせるため，多重検定の問題があることに注意する．

b. 経験的ベイズ推定

経験的ベイズ推定とは，周辺地域の情報を用いた平滑化法の一種であり，地域

の罹患率と周辺地域の罹患率（または地域全体の罹患率）を組み合わせて「粗率」に調整を加える方法である．これは，罹患率には地域差があるが，それは全体としてある滑らかな連続分布に従うという考えに基づいている．

経験的ベイズ推定法では，もし分母人口が大きければ，その地域の罹患率の信頼性が高く，そのベイズ推定値は実測値に近いものになり，一方，もし分母人口が小さければ，ばらつきが大きく罹患率の信頼性が低いため，ベイズ推定値は周辺区域の平均値に近づくように工夫されており，これは階層的なポアソン・ガンマモデルとベイズ統計学の推論が基礎になっている．

周辺地域または地域全体の平均値をそのまま用いる方法は，モーメント法と呼ばれ，簡便な方法であるが，より厳密に行いたい場合には，罹患数の周辺尤度数に基づく最尤推定法を用いる．この場合は，周辺地域または地域全体の平均値を初期値とした繰り返し収束計算を行う．

未調整の粗率と経験的ベイズ平滑化処理により調整された率の比較を図8.7に示す．分母人口の小さい地域でより補正されている．

経験的ベイズ推定法は，平滑化処理であるため，他の平滑化と同様に，平滑化が過ぎると本当の高リスク地域までもが平滑化されてしまう問題を抱えている．高リスク地域を識別するためには後述の地域集積性の検定を行うが，疾病の地理的分布をより正しく解釈できる疾病地図を作成するには，過度に平滑化しないように，補正に用いる平均的水準の妥当性を検討しなければならない．例えば，日本全国の市区町村別標準化死亡比（SMR）地図を作成するとき，全国共通の死亡率水準で補正するのは，過度の平滑化を招く．これを避けるためには，全体ではなく，グループごとの死亡率水準を使って補正を行う．隣接市区町村や，隣接市区町村に隣接する市区町村（2次隣接市区町村）などでグループを設定してもよいし，厚生労働省による市区町村別SMRの経験ベイズ地図のように，2次医療圏ごとにハイパーパラメータを推定してもよい．

一般に，高リスク地域に対する感度（sensitivity）と特異度（specificity）の両方ともが高い方が妥当性が高いが，この2つはトレードオフの関係にあり，高感度・低特異度であると偽高リスク地域を検出しやすくなり，低感度・高特異度であると高リスク地域を見逃しやすくなる．

8.5 疾病の地域集積性

 ある地域において疾病が通常期待される頻度よりも多く発生した状態をその疾病の地域集積という．疾病の地域集積性の検出は，その疾病の原因究明のとりかかりとなる．地域集積性の検出方法は，地点データと面域データの違いやその目的により，さまざまな方法が使われている．

 対象地域全体で地域集積性の有無を検討する方法として，Moran I 統計量，GAM，Besas-Newell の検定，Tango の集積性指標，Cuzick-Edward の検定などがある．これらの方法は，包括的に集積性を検討するため，地域集積の位置はわからない．そこで，地域集積の位置を検討する統計量として，ローカル Moran，ローカル EBI などが提唱されている．これらの方法は，ポアソン確率地図と同じく多重検定問題を内包しているので注意が必要である．

8.5.1 空間スキャン検定

 地域集積の位置と大きさが同定できる方法として，空間スキャン検定が使われる．空間スキャン検定とは，地図上の地点を中心にした円状領域をスキャンし，有意に高い比率を示す領域を発見する方法である（図 8.8 に例を示す）．ある円領域内部の罹患率と円領域外部の罹患率を比較し，各地点で尤度比を計算し，その尤度比が最大になるときの統計量を空間スキャン統計量としている．対象地域全体に対して 1 つの統計量を決めるので多重検定の問題はない．この方法を用いると円状に近い形状の集積地域のみが検出される点が問題視され，円状領域ではなく，非円状領域をスキャンする拡張的方法がいくつか提唱されている[6]．

8.5.2 推定汚染源のリスク評価

 ごみ焼却施設や原子力発電所などの周辺に居住する住民の健康が，その施設によって何らかの影響を受けているのではないかという問題は，行政側にとっても住民側にとっても関心事である．

 ある特定の地点に近づくと罹患が増えるかどうかを検定する方法は，固定点における疾病の集積（focused clustering）を検定することから，地域集積性の検出手法のなかでも特に「フォーカスド検定（focused test）」と総称されている．

 このフォーカスド検定には，Diggle の方法，Stone 検定，スコア検定，線形リ

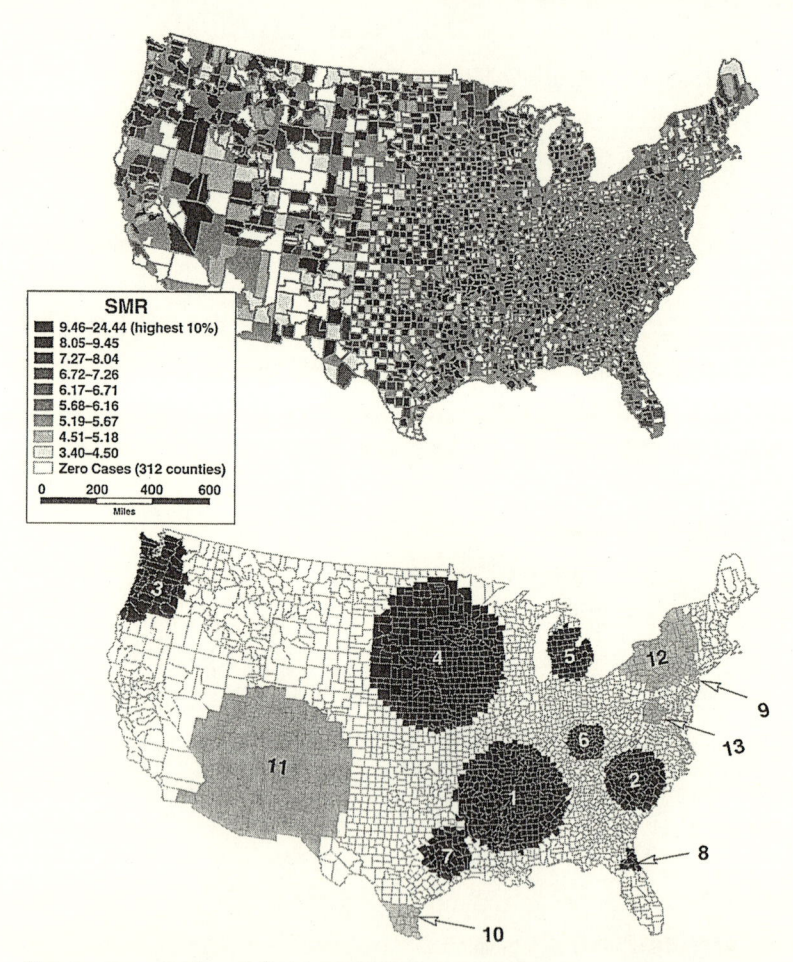

図 8.8 1986〜1995 年の 20 歳以上の脳腫瘍による米国郡別死亡データを用いた空間スキャン検定の適用例（Fang *et al.*, 2004）[5]

上図は，性・年齢・人種（白人，黒人，その他）を間接法で調整した標準化死亡比（SMR）の地理的分布を示す．下図は，空間スキャン検定の結果を視覚化した図．暗色に塗られた郡は死亡過多の集積地域を表し，淡色に塗られた郡は死亡過小の集積地域を表す．それぞれの集積地域に付与されている番号は，尤度比の順位（降順）である．8 以外の集積地域は，統計的に有意（$p<0.05$）であった．最大尤度比をもつ集積地域である most likely cluster（MLC）は，アーカンソー州とミシシッピ州にまたがり，期待死亡数 5,322 に対して観測死亡数 6,251 であり，相対リスク RR は 1.18（$p=0.0001$）であった．

スクスコアなど多様な方法が提唱されている．これらの方法は，例えば，原子力発電所の周辺，廃棄物焼却所の周辺，ごみ埋め立て地の周辺，無線局の周辺などの疾病に対して適用されている．

症例や対照または分母人口の曝露量が明らかでない場合は，その代用変数が必要であり，フォーカスド検定では距離が代用変数として用いられる．フォーカスド検定の統計モデルでは，推定汚染源からの距離が大きくなるとリスクが減少するとして距離逓減関数を考える．距離と相対リスクの関係は必ずしも単調減少とは限らないため，相対リスク関数を設定するときには注意が必要である．フォーカスド検定の拡張として，複数の推定汚染源を検定する場合や共変量を組み込む場合が検討されている．

フォーカスド検定の本質的な問題点として，先に疑わしい地点を選定したことによる偏り (pre-selection bias) がある．高死亡（罹患）率の集積はある程度ランダムに発生する．そこを選んで集積性の検定を行えば，必然的に集積性ありと判定される．

8.6 地理的相関分析

地理的相関分析は，生態学的分析とも呼ばれ，疾病の発生の時間的変化や地理的分布を地域指標と関連づける空間的共変動分析である．

8.6.1 地域リスク要因

地域リスク要因には，環境要因（大気，水，土壌など）や社会経済人口要因（人種，職種，収入など）の他にも，地域住民の生活習慣要因（喫煙，食生活など）が考えられる．これらの地域リスク要因の中に，疾病の地理的分布を説明できるものがないかどうか検討される．これまで，マグネシウムと急性心筋梗塞の関連や，女性の口腔がん・咽頭がんの多発地域と無煙たばこの関連などさまざまな地理的相関分析が疫学分野で行われてきた．

8.6.2 階層的空間ポアソン回帰分析

死亡者数の少ない小地域では，疫学指標の分散が地域的に変動し，誤差分布の形状は正規分布と大きく異なるため，線形回帰モデルを単純に適用することはで

きない．このような場合にポアソン回帰モデルの適用が考えられる．

線形回帰モデルやポアソン回帰モデルでは，モデルの誤差は互いに独立であることを前提としている．残差に空間的自己相関がみられる場合は，それを説明する変数を追加すべきであるが，そのような変数を用意できない場合は，誤差項に空間的自己回帰を入れ込んでしまう空間回帰モデルの適用が考えられる．しかし，空間回帰モデルは，線形回帰モデルと同様に死亡者数が少ない場合には適用できない．

そこで，死亡者数の少ない小地域を用いた回帰分析には，階層的空間ポアソン回帰分析が適当であり，階層的空間ポアソン回帰分析の一種である空間的条件付き自己回帰モデル（conditional autoregression model：CAR）がよく用いられる．このモデルにはさまざまな変種が提唱されており，共変量を調整した疾病地図の作成などにも用いられる．

8.7 保健医療計画

保健医療計画とは，保健医療政策の立案や保健医療行政の実施計画作成に関する研究と業務である．保健医療計画は，多様化，高度化する住民の医療需要に対応して，地域の体系的な医療供給体制の整備と公衆衛生の向上を促進するために，医療資源の効率的活用，医療施設間の機能連携の確保，公平な医療供給の実現，疾病予防対策・健康増進運動の実施，健康教育の普及などを含んでいる．また，保健医療計画には高い透明性や説明責任が要求されるため，住民への情報配信なども保健医療計画業務の一環として取り組まれる傾向にある．

保健医療計画の分野では，GIS は主に，① 医療ニーズの評価，② 医療資源配分の評価，③ 医療サービスへの地理的近接性の評価，④ 新規医療施設の適地選定，⑤ 住民への情報配信，などに活用されており，それらに関する GIS 応用研究が先進国や一部の途上国において積極的に行われている．

8.7.1 近接性の評価

GIS 応用研究における保健医療サービスの近接性は，医療機関までの物理的な到達の容易度を示す概念であり，それを測定することは保健医療施設の配置計画を作成するうえで重要である．しかしながら，近接性が高い医療機関であっても

医療の質が低いなど患者の受療を左右する他の要因により医療機関が利用されない場合があり，近接性と同時に医療機関の利用度を測定する必要がある．

医療サービスへの近接性は，医療機関までの距離を用いて評価されることが多い．測定される距離には，直線距離，移動時間，道路などのネットワーク距離などがある．住民の住居地と最近隣医療施設の間における直線距離と移動時間を測定した研究から，距離によってそれらの間の相関係数が大きく変化することがわかっており，距離の測定方法は状況に応じて選択されるべきである．

近接性評価における GIS の応用例は数多くある．例えば，オーストラリアでは，人口密集地と GP（general practitioner：一次医療を供給する医師）のネットワーク距離を測定・集計し，GP への近接性が比較的低い場所が示された．また，米国イリノイ州では高齢者と老人病院の間の直線距離が集計された．1～5番目に近い病院のそれぞれの距離が集計され，その距離合計の差が郊外では非常に大きくなっていることが示された．

8.7.2 受療動向

医療供給計画を立案する上で患者の受療動向は重要な基礎情報となる．受療動向決定要因には，距離（直線距離・移動コスト），医療サービスの質，患者の属性（収入・職業・宗教・重症度・疾病の種類・医療機関における知人の有無），医療機関の知名度などがあり，そのメカニズムを明らかにするのは困難である．また，それぞれの社会環境によってそれぞれの決定要因の寄与度が異なると考えられるため，一般化して論じることは危険である．それぞれの地域ごとに調査するべきものであると考えられる．

Tanser et al.[7] は，南アフリカの農村地域において，公共バスと徒歩による移動時間を用いて医療施設のサービス供給圏域を分割した後，最近隣施設利用仮説に反する圏内外への患者の流出入量から，表 8.1 に示された方法で流出入誤差率

表 8.1　流出入率の計算

	その診療所が最近隣	その診療所が圏外	
その診療所を利用した	A	B	$A+B$
その診療所を利用しない	C	D	$C+D$
	$A+C$	$B+D$	$A+B+C+D$

流出誤差率 $=C/(A+C)$，流入誤差率 $=B/(A+B)$，効率 $=A/(A+C)$，感度率 $=A/(A+B)$．

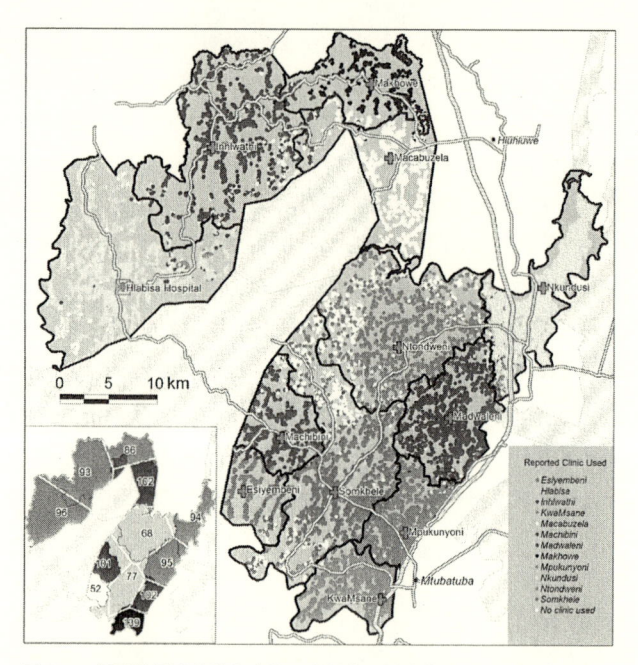

図 8.9 最近隣医療施設と実際に利用する医療施設との比較（Tanser, 2006）[7)]
黒実線は最短移動時間の境界線を示し，点は家屋の位置を示している．
家屋の色は実際に使用した医療機関別に塗り分けられている．

を計算した．ここで，流入誤差率とは診療所のサービス圏外から患者が流入する人数（または世帯数）の割合であり，流出誤差率とは診療所のサービス圏外へ患者が流出する人数（または世帯数）の割合である．図 8.9 に，医療施設のサービス圏と実際の利用医療施設の比較を示す．

さらに Tanser *et al.* は，患者が受療先の医療機関を選ぶ際に，どれだけその医療機関の選択優先順位度が高いかを示す指標として，DUI（distance usage index）を開発した．

$$DUI = \frac{選んだ医療機関までの距離の合計}{医療機関サービス圏内の距離の合計}$$

この指標は，患者の流出入量に基づいて，医療機関の受療動向を移動時間を用いて数量化している．この指標を用いて南アフリカの農村地域を測定した結果，診療所までの距離と診療所の利用率の間には高い相関が認められる一方で，DUI

の値は52～139%とばらつきを見せた.

DUIは最近隣施設利用仮説から期待される診療所の利用と実際の診療所の利用とのギャップを測定しているため,医療機関が選択される理由が医療サービスの質と仮定すれば,DUIのコロプレス図は,医療サービスの質の格差を相対的に表現するものになっている.現実的には,医療サービスの質以外の医療機関の選択理由も大きく関与しているため,DUIで医療サービスの質を代表させるためには,他の要因の影響を取り除く工夫が必要であろう.

8.7.3 医療資源配分

医療資源に乏しい途上国はもちろんのこと,先進国においても医療資源には限りがある.適正な医療資源配分が行われていないところでは,医療資源は有効利用されず,住民全体の健康水準の低下を招く.そのため,適正な保健医療計画の実現には,医療資源分配のより正確な評価と計画が必要である.

医療資源には,人的医療資源,医薬品,医療機器,保健医療施設,関係予算,保健医療関連情報がある.それらの配分には,地理的配分と構造的配分(一次医療,二次医療,三次医療への配分)がある.

医療資源配分におけるGISの応用例は,人的医療資源分配,医療機関の適地選定,医薬品・医療関係物資の配分,医療情報の適正な流通・循環などである.いずれも,量を適正に配分することに終始し,医療サービスの質など質的要素を十分に加味したものは見当たらない.今後は質と量の両側面から検討された研究が行われるようになると思われる.

8.7.4 意思決定支援

国や地方自治体レベルの保健医療政策の策定から日常の医療行為における判断まで,さまざまレベルや局面で意思決定は行われている.その意思決定を支援する道具としてもGISは用いられる.そのなかでも特に重要なのは,緊急医療における意思決定である.例えば,緊急医療機関の患者記録を用いて,ヘリコプターと救急車の到達時間を表す等値線図を作成すれば,患者を緊急搬送する際に最短到達時間が期待できる医療機関を選択できる.

8.7.5 保健医療情報配信

公正な保健医療計画を実現するためには,保健医療政策形成プロセスと根拠を明確にし,地域住民への情報公開を行うことが重要である.そのための一手段としてWebGISの開発が試みられている.WebGISとは,インターネットを通じて視覚化された地理情報を対話的に閲覧するシステムであり,代表的なものに米国疾病対策センターのGATHERがあげられる.また,わが国では,国立感染症研究所がインフルエンザなど感染症流行動向を地図で視覚化して配信している.

本章では,保健医療分野におけるGIS応用の概念的整理および保健医療データの特質ならびにさまざまなデータ処理・解析手法を紹介した.GISを保健医療分野に応用するとき,保健医療分野に特有の解決すべき課題があり,まだまだ未開拓の応用分野であることは明らかである.GISの概念は多面的であり,さまざまな整理が可能である.本章で示した保健医療分野におけるGISの概念の構造は,そのなかの1つの整理にすぎないが,保健医療におけるGISを理解する端緒となれば幸いである.　　　　　　　　　　　　　　　　　　　　　　　［谷村　晋］

引用文献

1) 福井弘道 (2001):ジオインフォマティクス (Geo-informatics) で構築するディジタルアース (Digital Earth). 学術月報, **54**: 374-379.
2) 谷村 晋 (2006):地理情報システム (GIS) とヘルスリテラシー. からだの科学, **250**: 76-79.
3) 中谷友樹ほか編著 (2004):保健医療のためのGIS,古今書院.
4) Gemperli, A. et al. (2006): Mapping maralia transmission in West and Central Africa. *Tropical Medicine and International Health*, **11**: 1032-1046.
5) Fang, Z. et al. (2004): Brain cancer in the United States, 1986-95: a geographic analysis. *Neuro-oncology*, **6**: 179-187.
6) 丹後俊郎ほか (2007):空間疫学への招待,朝倉書店.
7) Tanser, F. et al. (2006): Modelling and understanding primary health care accessibility and utilization in rural South Africa: an exploration using a geographical information system. *Social Science & Medicine*, **63**: 691-705.

9 考古・文化財と GIS

9.1 過去の空間—歴史空間と GIS

　人類は 2 つの「間」—時間と空間—の中で生きている．人類の誕生以来蓄積されてきた過去の事象は，この 2 つの概念を基礎とすることで位置付けを行うことが可能となる．

　ここでは，過去の人類が活動した空間を，歴史空間と呼ぶことにしよう．では，その特質は何であろうか．

　現代社会における諸事象の分析や施設の管理などへの空間情報の活用は，多くが現状，あるいは比較的最近の情報を用いており，住人の転居やライフラインの改善など，新しい情報を入手した段階で以前の情報を破棄し，新たなものに置き換える更新型の情報が多い．しかし，歴史空間を対象とするときは，場における歴史的な諸事象の連続性が重要となるため，新たな情報が既存の情報に追加される蓄積型の情報を対象とすることが一般的である．したがって，時間の経過，情報の追加や研究の進展によりきわめて多様，大量の情報が増加していくことになる．これらの情報を有効に利用し，人類の歴史を考えることが，現在の歴史研究に求められている．

　加えて，過去の情報は失われたものも多く，すべてが取得可能ではないため，現代における情報のように具体性や精緻さに欠けるものが多い．このため，情報の空白をいかに補間するのか，という問題を有している．

　これらの問題を念頭におきつつ，本章では，この歴史空間を対象とした GIS の利用，特に考古学研究および文化財保護についてみていくこととする．

9.1.1 考古学研究における GIS の活用

遺構・遺物といった物質資料から歴史空間における事象を扱う考古学においても，GIS への理解と注目は進みつつある．考古学は宝探しや骨董趣味ではなく，人類の過去をいかに考えるのか，という目的をもった学問領域であり，その目的を達成するうえで時間と空間に関する情報が研究において必要とされる．

よって，珍しい形態の遺構や，どれだけ優美であったり，希少性の高い遺物であっても，位置についての情報が記録されていないものは研究資料としては価値が低い．逆に，これらの情報が適切に記録されたものであれば，一見ただの瓦礫にみえる土器や瓦，石器製作時に出た破片などが過去の人類の活動を復元する重要な資料となる．このため，研究資料取得の最も直接的な手段である発掘調査においては，遺構や遺物の位置をはじめとする空間情報を計測，記録することが重視される．

これらの基礎データに，研究の目的に応じて資料の種類，特徴などの非空間的なデータが加えられ，研究が行われる．発掘調査の進展と，情報取得や分析の視角の多様化により，研究で扱われる情報は膨大な量になっている．蓄積された情報を積極的に活用し，過去を復元する必要性は考古学のもつ課題の 1 つとしてここ数十年つねに指摘されてきた．これらの問題点の解決を図るうえで GIS はきわめて有効な手段となる（図 9.1）．

9.1.2 文化財保護における GIS の活用

文化財という言葉は多義にわたる．わが国の文化財保護法の改正によって従来の有形文化財，無形文化財，民俗文化財，記念物に加え，文化的景観，伝統的建造物群といった幅広い対象物がその範疇に近年含まれることとなった．これは文化財を単独の対象としてだけではなく，周辺環境や集合体を含めて重視するという大きな変革である．もちろん，考古学の対象である埋蔵文化財も含まれる．

この近年の変化によって，位置情報を基礎とした管理，検索といった従来の情報管理・活用に加え，環境や町並み景観などの保護を主眼としたシミュレーション，保存計画の策定といった面でも GIS が利用される場面は増加していくことは疑いのないところである．

また，自然災害や戦争などの要因によって危機に瀕している文化財についての保護・支援が世界的な課題となっている．情報が断片的なことの多いこれらの活

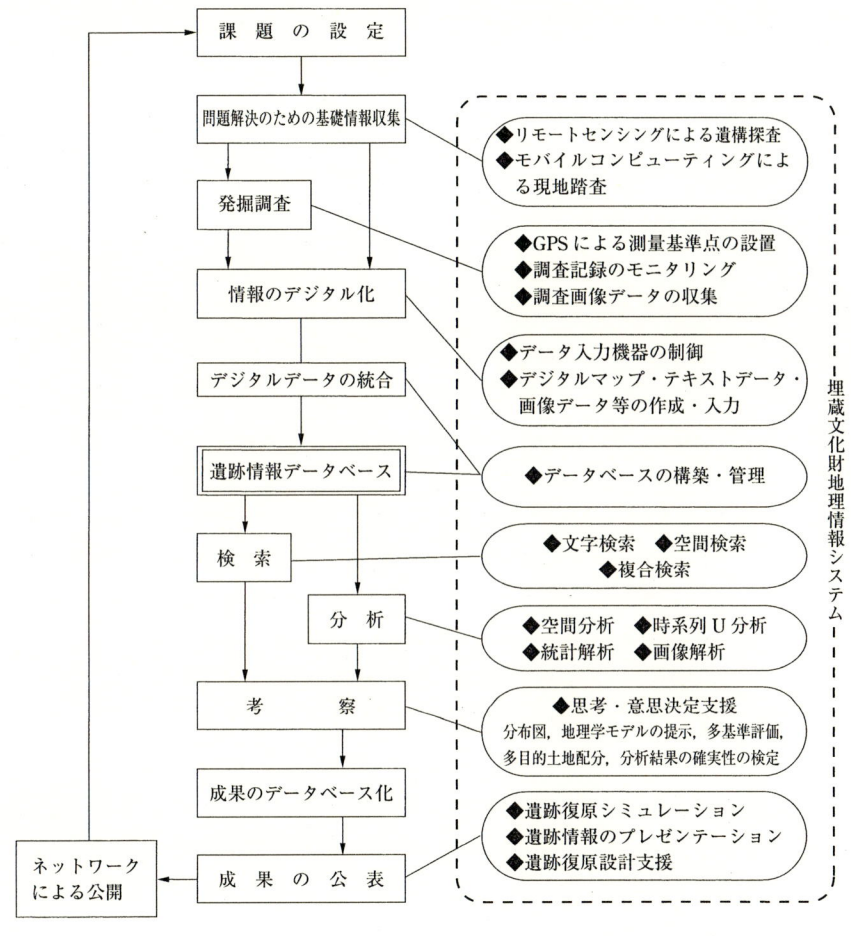

9.1 過去の空間—歴史空間とGIS

図9.1 埋蔵文化財の研究と地理情報システム（平澤・金田，1998）[1]

動を計画的に進めるには衛星写真などの詳細な基図を元に現況写真や被害の状況の区分，対策方法などの多様なデータを統合する必要があり，ここでもGISの機能を十分に活用できる機会は多い．

9.2 考古学における実際の利用

ここでは考古学研究を中心に，GISの利用について簡単ではあるがみていくこととしよう．

9.2.1 考古学利用の歴史

GISが産声をあげてほどなく，考古学への利用が開始された．米国における草創期から1990年代までの研究史はクバンメ（Kvamme）[2]の紹介に詳しい．考古学研究への早期の導入は，先述の通り，多様かつ大量の情報を時空間情報に基づいて位置づけようとするこの学問領域の特性や，多くの学問領域において起きた「計量革命」と表現される量的データを活用した分析の必要性と重要性の認識が，情報科学やコンピュータ技術の発達とあいまって，高まってきたことと歩調を合わせており，不自然なことではない．

1990年代には英国の大学などでGISの利用を主眼とした授業も開始されている．また，ソフトウェアBASPを開発したケルン大学（http://www.uni-koeln.de/~al001/）や考古学研究者向けのGISマニュアルとテキストを出版したシドニー大学[3,4]の試みは，大学教育だけでなく，考古学研究に寄与することを強く意識した活動として評価できる．

日本においても，中世の河内地域の遺跡を素材として分析を行った鋤柄[5]の研究や，GIS研究者らが主導した意欲的な試み[6,7]を嚆矢とし，考古学研究者の側からの理解も徐々に進んだ．海外の研究を紹介し，方向性を示した森本[8~10]，英国における体験からいち早く大学に導入を図った新納[11]の活動によって，徐々にその利用が進んでいくこととなった．

考古学へのGISの利用を主眼とした書籍・出版物の登場，紹介はそれぞれの段階における問題意識と到達点を示している[12~15]．また，（独）国立文化財機構奈良文化財研究所では，遺跡地理情報課程として遺跡の保護や研究活用を主な目的としたGISの研修を全国の文化財関連職員に対して実施し，遺跡GIS研究会を開催してこれらの技術の利用を図っている．

これらの状況は，考古学研究の目的をよりよく達成し，課題を克服するのに必要な手段として，GISが有効であるとの認識が深化，定着しつつあることを示している．

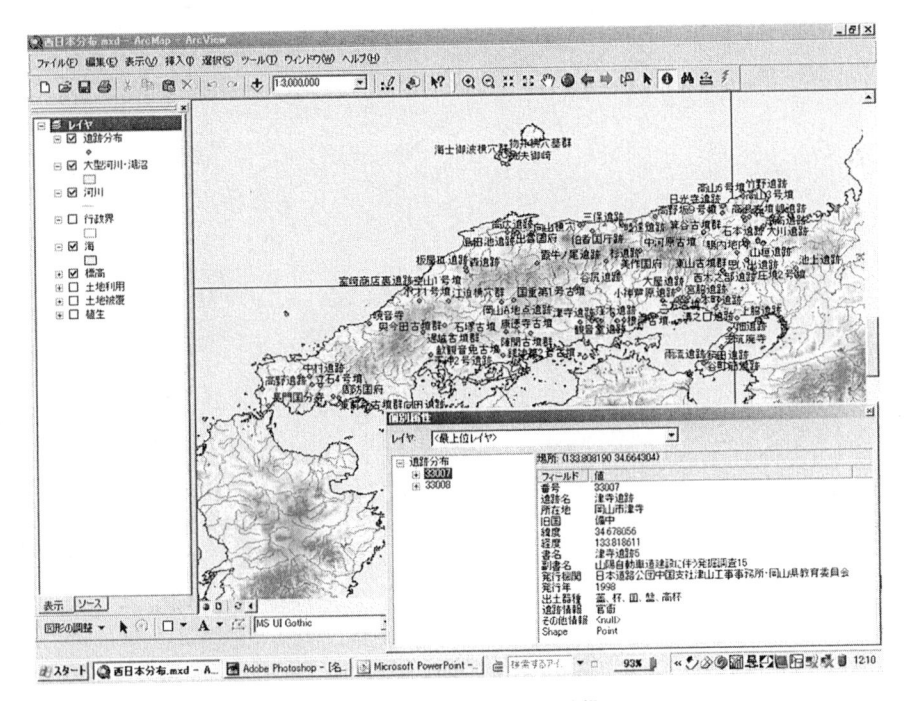

図9.2 遺跡の分布図と詳細情報

9.2.2 情報の有効利用

　GISの考古学研究における最も基本的な利用として，情報の収集，蓄積，検索といった利用があげられる．

　図9.2は，7世紀から8世紀にかけて宮都とその周辺を中心に使用された暗文土師器が搬入されたか，またはその模倣品が出土した中国・四国地方の遺跡の集成データ[16]をもとに，その遺跡の分布を示したものである．

　情報として，遺跡の分布と合わせて，各遺跡で出土した土器の詳細情報や地形，河川，現行の行政界，調査機関といった項目を含んでいる．これらの情報を用いて杯，皿，高杯といった分類（器種）に基づく分布図の作成や，地形区分，水系，バッファリングによる遺跡の相互関係の検討といった研究上の課題についての問いかけが可能である．また，実資料見学の際の収蔵機関や照会先などの研究を支援する情報を検索することができる．

　この例は単純ではあるが，膨大な情報を可視化することにより，資料の分析を

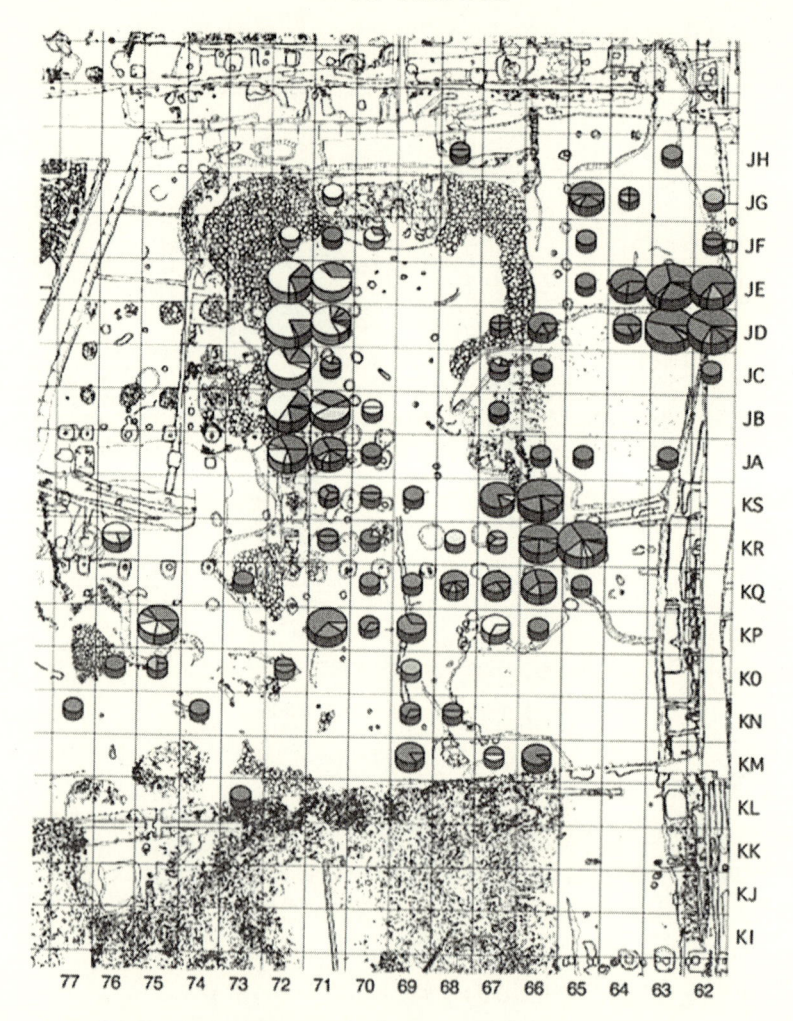

図 9.3 平城宮東院庭園出土土器の出土量（奈良文化財研究所, 2003）[17]

より多面的性を考慮した検討に展開することが可能になる．

　図9.3は，平城宮東院庭園上層池の出土土器について，池の埋没過程と遺物の廃棄との関係を考えることを目的として作成したものである[17]．この発掘調査は1970年代と古く，池の埋没過程を考えるうえで基礎となる土層（地層）の認識等のデータが分析を行うには不十分であった．もちろん，当時と現在の問題意識

9.2 考古学における実際の利用

は大きく異なっており，取得情報の不足を非難することは適切ではない．しかし，現状の研究にとって情報不足であることも事実である．使用時の状況からどのように「遺跡化」していくのか，という検討は，平城京の廃都やこの地域のその後を考えるうえできわめて重要な視点を与えてくれる．そこで，土器の分析から当時の埋没過程を復元することを試みた．

出土遺物の量的な比較を行うため，平城宮の発掘調査においては平面直角座標系に基づいて東西，南北ともに1辺3mをメッシュの最小単位とする地区割を行っている．個々の地区より出土した杯・皿について，土器の製作時の痕跡である調整手法をもとに分類と集計を行った．この円グラフは調整手法の比率を示すとともに，大きさが出土量を示している．

この成果によれば，地区によって土器の出土量は異なり，いくつかのグループに分けることが可能である．加えて，各グループで調整手法の割合に差があることがわかる．ここにみえる調整手法は時間差を反映するものであることが明らかになっている．これらの土器とともに出土した施釉陶器の年代も同様の傾向を示す．したがって，平城京から長岡京への遷都後，ほどなく東院地区の施設が一斉に破棄され，池が埋没したのではなく，一部は平安時代になっても使用が継続されていた可能性や，池は流れ込み部分（図9.3右上）から埋没し，建物に接している部分（図9.3中央）が最後に埋没したことを指摘することができる．

図9.4は，平城宮中央区大極殿院回廊について，発掘調査平面図，地中レーダ探査の成果を表示したものである[18]．発掘調査の実施を予定するにあたり，調査前に取得可能なデータをいかに活用するか，という目的意識から，情報を統合した平面図を作成した．

既存の発掘調査や地中レーダ探査の情報をあわせて表示することによって，未発掘の地区の遺構の想定を行うことが可能であり，地形情報等も踏まえた次の調査計画の立案に対して有益な情報を提供することが可能となる．

実際，この後に行われた発掘調査では，想定の通り，回廊の基壇，雨落溝と溝の上の瓦の集積を確認することができた．

遺跡の理解に際しては発掘調査だけではなく，現地踏査，地形判読，物理探査といったさまざまな手法によってもたらされる情報の収集と分析が重要になる．

特に，広範囲における遺跡の確認等を目的とした試掘・確認調査や，市街地等における部分調査を累積していくことにより遺跡の全容を捉えようとする場合，

144   9. 考古・文化財と GIS

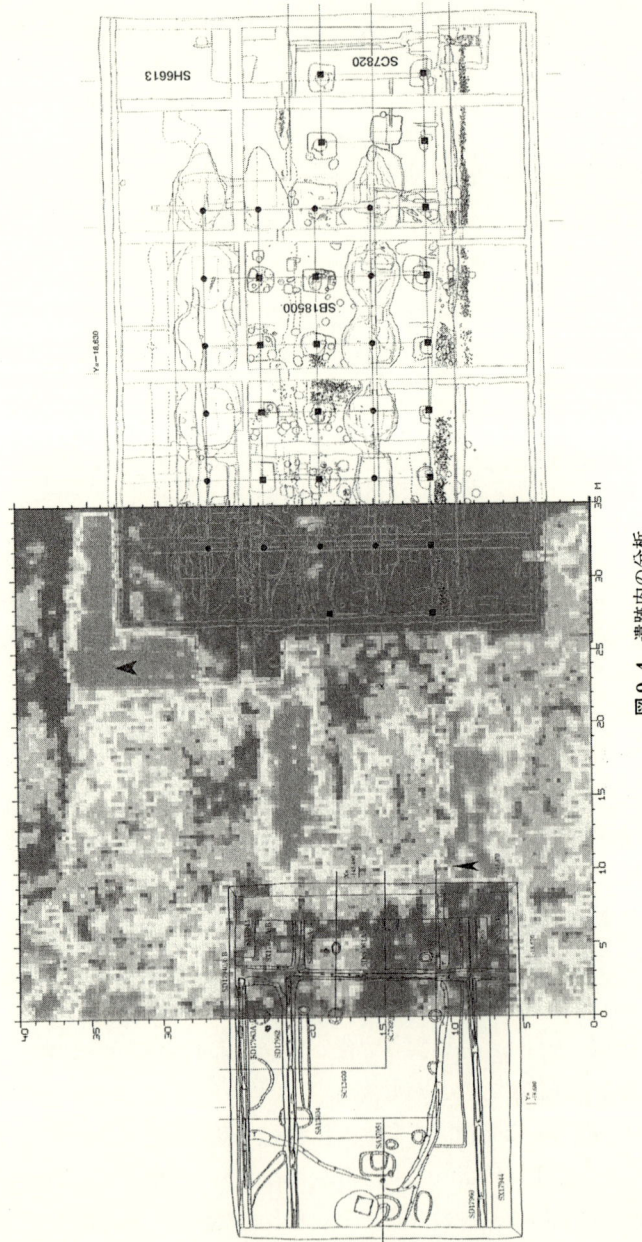

図 9.4 遺跡内の分析

9.2.3 空間分析

考古学における GIS の活用方法のなかで，特筆できる点として，空間分析の応用の進展がある．もちろん，これらの多くは手作業や別の手段によっても達成可能なものが多いが，手法の煩雑さなどの問題によって試みられることは少なかった．しかし，GIS の利用を通じて，地理学等の分野で利用されてきた空間分析の手法を従来に比べて導入しやすくなり，さらに多様な人類の活動を検討することが可能になる．

人々の生活で最も身近な存在である生活用具として，土器や石器が長い期間使用されてきた．これらの道具は量も多く，また多くの情報を保持しており，考古学研究において注目されてきた．

津村[19,20]は武蔵野台地における縄文土器や石器，炉といった資料を対象にそれぞれの資料の時系列による動態を明らかにし，加えて資料間の相関係数を求め，当該期の文化を理解することを実践した．

山口[21]は弥生土器の分布状況と移動コスト距離との比較により，土器の特徴とその空間的な展開について検討している．

弥生時代の高地性集落は，その立地から，防御施設としての性格に加えて，周辺の見張りや，狼煙などを用いた通信施設としての性格も指摘されている．古墳は墓としての用途に加え，首長権力の誇示など，より社会的な役割をもった構築物であると考えられている．

このような性格の遺跡をはじめとして，遺跡からの眺望は，その性格や立地を考えるうえで検討すべき情報の1つであることはいうまでもない．

加藤ほか[7]は，近畿地方の弥生時代の高地性集落の視認性について検討を行っている．対象となった地域は市街地を含んでおり，すでに高層建物があるため実際の検討は困難になっていることが理由の1つとしてあげられているが，大規模な地形改変等を経た現在，このような復元的な試みは興味深い．

寺村[22]は前方後円墳や後期群集墳の可視範囲分析を行い，その有効性について検討を行っている．前者では後続する古墳の築造に，眺望の良さよりもすでに存在する古墳が視認できる場所を指向していた可能性を示した．後者では墳形の

違いによって立地場所が異なることが示されている.

　人類の活動,特に移動については,利用可能な移動手段,地形条件や植生,河川などの障害物の有無といった条件が重要になる.これらの分析には民族学からの研究成果の援用によるバッファリングなどが古くから行われてきたが,近年,より実態に近い移動モデルの作成方法としてコスト移動分析が行われるようになってきた.この分析は,地形の傾斜と歩行の関係をもとにしたハイキング関数[23]などの研究から,さまざまな検討が行われている.東北地方の縄文時代遺跡に適用してその相互関係を検討した千葉ほか[24]の研究が日本における代表例であるが,移動を阻害する要因は地形傾斜ではなく,また個人差などの問題もあり,得た結果を単純に実態や,歩行時間に置き換えることには注意が必要である.あくまで同一条件下でのモデルとして慎重に適用と解釈を行う必要があるだろう[25].

9.2.4　予測モデル

　過去の人類の遺跡立地の選択は,時代や用途に応じていくつかの条件に規定されている,という考えから,既知の遺跡の立地についてさまざまな条件を検討し,遺跡の立地に関するモデルを作成し,加えて未知,あるいはすでに消滅してしまった遺跡の分布を推定しようという予測モデル (predictive modeling) の作成も近年試みられている.米国にはすでに専著[26]も存在する.日本においても,遺跡の保護を主眼とした福岡における分析[27]や,下総台地における縄文時代の遺跡の分布の推定といった研究例[28]がある.

　実地調査が不十分な場所における開発に対してその計画段階から遺跡の潜在的な存在の可能性を提示し,遺跡の保存や調査により積極的に関与することを意識した研究が多く,現状では受動的な遺跡保護に対する状況を大きく変革できる可能性がある.反面,成果が誇大に評価されることの危険性や条件設定が果たして可能であるのか,といった問題も指摘されており,適用の限界を踏まえた利用が必要であろう.特に,遺跡保護を主眼とした活用の場合は実地での検証作業が不可欠である.

9.3 文化財への実際の利用

次に，文化財への利用についてみてみよう．

9.3.1 文化財 GIS

地方自治体などにおける GIS の普及により，文化財保護に関する情報を GIS に統合し，活用することが定着しつつある．

開発などの行為に対し，文化財保護の観点からは，保存に関連する情報を適切に提示する必要がある．国や都道府県，市町村が管理する文化財の保護は，それを毀損する可能性がある開発行為に対して，景観を含めて考慮する必要があり，関連する情報を開発当事者をはじめとする関係者と共有しなくてはならない．

また，埋蔵文化財は対象地域における情報の有無，周辺地域における既存の調査位置や遺構の存在する深度，開発地の遺跡存在の可能性といった情報の共有が必要である．従来これらの情報は発掘調査報告書や遺跡地図といった形で情報が公開されてきたが，これらからの情報の取得は煩雑，かつ知識が必要であった．

奈良文化財研究所では，不動産文化財を中心としたデータベースの構築を進めており，成果はインターネット上で公開されている（図9.5）．このデータベースには緯度経度情報が含まれており，試験的ではあるが，検索結果を分布図として表示することも未公開ながら試行されている．

岡山県では，いわゆる全庁型 GIS 内の 1 情報として，指定史跡や文化財の情報を表示し，遺跡の内容などを表示することが可能である（図9.6）．

他にも，公開，非公開を含め，各自治体などで導入が進められているが，文化財の存在の有無は，開発などの行為に対してきわめて重要な情報であり，これらの行為を行う上での障害になると捉えられることも多い．地価といった個人の資産に直接関連する部分であり，遺跡の線引きやその情報の公開には慎重さを必要とする．現状の街区などによる便宜的な線引きが，扱いの混乱を招き，結果文化財の破壊を引き起こしては意味がない．これらの点に配慮しつつ，文化財保護の基礎データとして利用を図っていく必要がある．

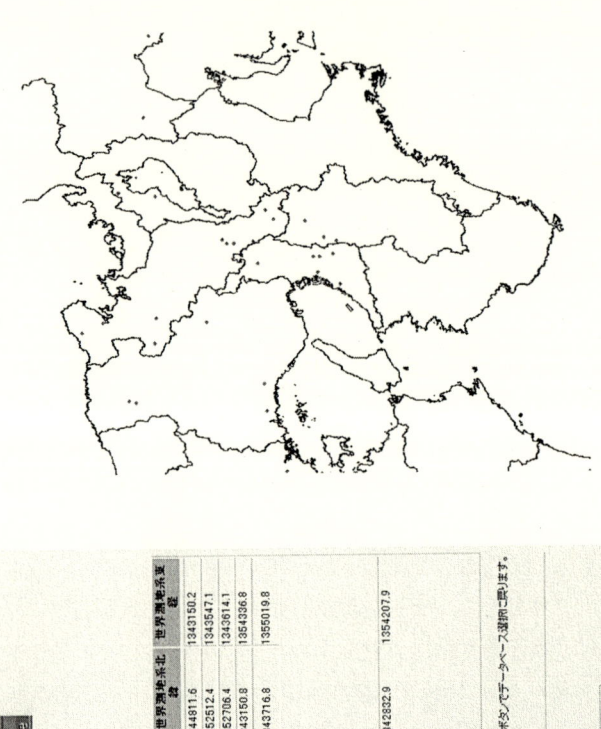

図 9.5 奈良文化財研究所遺跡データベース (http://www.nabunken.jp/database/index.html)

9.3 文化財への実際の利用

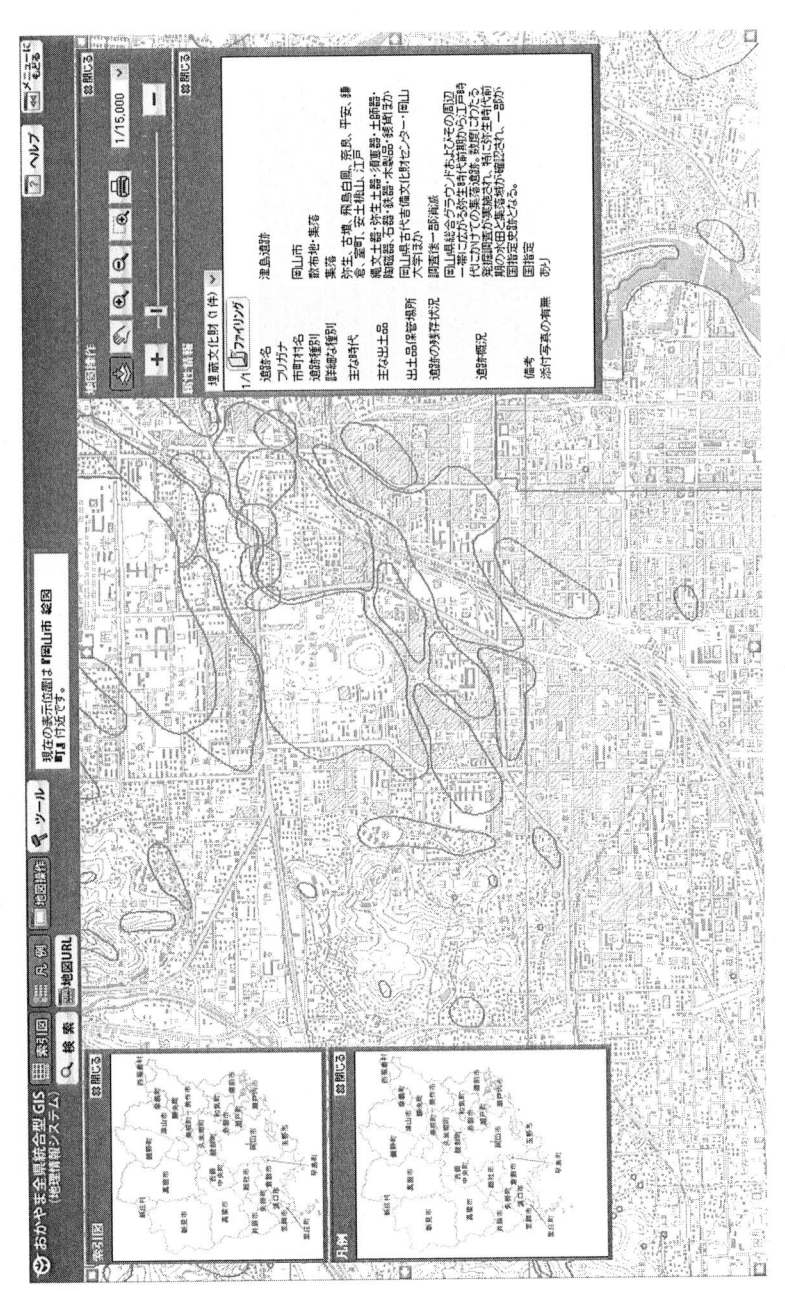

図 9.6 おかやま全県統合型 GIS (http://www.gis.pref.okayama.jp/map/)

9.4 GISの応用についての問題点

GISをある目的に対しての道具として利用するときには，その対象となる目的を達成するために用いる情報の特性を把握しておく必要がある．ここでは，考古学の研究および文化財の保護にGISを使用する際の問題点について述べる．

9.4.1 情報の欠落

歴史空間を理解する方法としてGISを扱ううえで，留意しなくてはならないこととして，まず，情報の欠落があげられる．

ライフラインの管理をはじめとした現在の事象を主に扱う多くのGISの活用に対し，歴史空間を扱う場合，必要な情報がすべて得られているわけではないことに注意が必要である．これらは，主に物理的な消失と認識としての不在に分けることができる．

物理的な消失としては，河道の変遷や土砂の流出などの自然的な要因や，開発による遺跡の破壊といった人為的要因による遺跡の消失があげられる．

また，認識上の不在として，調査の進んでいない地域や，文化財保護担当者の不在により，遺跡の存在が明らかでない場合がある．多量の土壌の堆積によって過去の遺跡が深く埋没したり，古くから開発が進み，遺跡の存在が認識されぬままになっている地域の存在もある．さらに，低湿地における集落遺跡の存在といったいままで遺跡の存在が想定されてこなかった場所における発見など，既存の研究によるバイアスも考慮する必要がある．

また，遺跡の分布の偏在についても注意を払う必要がある．都市圏を中心に，遺跡の分布が線的に集中することがあるが，これらは鉄道・道路等の大規模な開発に基づくものである例も多い．

このように，現状における遺跡分布を単純に過去の実態として捉えることは問題が多い．津村[20]は従来の分布論の問題点について考察し，現在利用可能な空間補間技術とその特性について論じている．資料の空間的なあり方をいかに捉えるかという問題は考古学研究に必須の視点であるが，その方法についての議論は充分でなく，参考とすべき意見である．

文化財の保護など，現況の情報を主な対象とした利用については，ここで述べてきた点は関連のないものと感じられるかもしれない．しかし，現存する文化財

9.4 GIS の応用についての問題点　　　151

が作られた状態のまま残存していることはない．寺院や庭園などにおいては，現存部分のみを保存するだけではなく，周辺地域も含めた保護が必要である場合も少なくない．

また，遺跡の保護を目的として作成された遺跡地図の線引きはあくまで現状の反映であり，任意のものでしかない．遺跡の範囲の設定自体が人間の活動空間の研究上あるいは行政上の便宜的な分割であることを考えれば，活動痕跡である遺構や遺物の集中の多寡の頻度を示すことが可能であるだけともいえる．このような考えに基づけば，単純な線引きではなく，存在の可能性を示したバッファゾーンの設定や，方法を明示した predictive modeling の活用が適切な文化財の保護には不可欠となってくる．

9.4.2　考古学・文化財データの特質

考古資料や文化財を構成するさまざまな情報の分析は，人間活動を復元するうえで基本的な研究課題である．このため，従来から空間・非空間を問わず多くのデータがデータベースとして蓄積，集成されてきた．

GIS の使用の有無を問わず，考古学・文化財を対象としたデータベースにおいてつねに問題となるのは，これらのデータの統一がとれていないことである．

特に，資料についての非空間データについてはその傾向が強い．例えば，土器を分類するうえでも，土器の形状の分類である器種や時間的な変化を示す型式が研究者によって一致しないことが多い．食器を杯と呼称するか皿と呼称するか，前後する型式のどちらに属するのか，といった問題は，その分類次第で大きくそれ以降の表示や分析結果などが変化する要因になる．現在設定されている各時代の移行期の資料に対しては，これらをどの時代に含めて理解するべきであるのか，が問題になる場合も存在する．

このような問題に対して，統計手法等を用いてより再現性の高い分類を行っていく必要がある．しかし，そもそもの分類の基準自体が異なっていることも多く，その要因としては分類者の歴史観が背景にあることも多い．また，新たな資料の増加によってこれらの分類が更新されていくことも少なくない．このため，現状においてすべてのデータを統一化しよう，という考えは，必ずしも妥当なものではなく，かえって研究の進展を阻害する要因になりかねない．

反面，位置情報はほぼ同じ場所を記録することが可能であり，異なる座標から

の変換も可能なことから，このような問題が少ない．考古学におけるデータの利用については，データそれぞれの性格を峻別し，位置データのような変更や見解の相違が少ないものを軸としてデータを整理・活用する必要がある．すべてを盛り込むことを目的とした大型のデータではなく，空間データを軸として研究者が目的に応じた情報の追加が可能な基礎データの整備と共有が必要と考える[27]．

ともあれ，研究方法の特性や問題点を踏まえたうえで，情報の共有と活用を進めていく前提としての情報の標準化を図っていく必要がある．この点については，森本[30,31]を中心として研究が進展している．国際的な標準として Dublin Core Metadata や CIDOC，日本では JIS X 0806，地理情報標準プロファイル（JPGIS）などが提唱されており，これらに沿った標準化を進めていく必要がある．英国の ADS（Archaeology Data Service）の解説書[32]はこれらを視野に入れた良好なガイドラインの一例である．

考古学や文化財への GIS の活用についてみてきたが，その応用はここにあげたものに留まらず，さらに多様な利用が可能であろう．GIS の利用はあくまで手段であり，それが目的ではない．このため，必要な手段が誰にでも入手可能な環境を渇望した[12]が，近年の市販ソフトウェアの低価格化に加え，GRASS，QuantumGIS，MANDARA といったオープンソースソフトウェアの充実もあり，環境は大きく変わってきた．海外に目を転じても，予算的，人材的に厳しい環境におかれている現状に対する1つの解として，これらの利用が積極的に進められている．考古学支援ソフトウェア群として，Linux を OS として構成された ArcheOS（http://www.arc-team.com/archeos/）の試みを始め，必要な者が誰でも使用できる手段がさらに増加していくことになるだろう．

逆にソフトウェアが入手できないので研究ができない，といった使い古された言い訳はすでに通用しない．これからはいかに適切に，有効に GIS を活用していくのかによって，実際の研究や利用の是非が問われることになるだろう．さあ，実践を始めよう． ［金田明大］

引用文献

1) 平澤　毅・金田明大（1998）：地理情報システムの活用（講座　人文科学研究のための情報処理，第4巻），pp. 194-200，尚学社．

2) Kvamme, K. (1995): A view from across the water: the North American experience in archaeological GIS. *Archaeology and Geographical Information Systems*, pp. 1-14, Taylor & Francis.
3) Johnson, I. (1995): *Mapping Archaeological Data : A Structured Introduction to MapInfo*, The University of Sydney.
4) Johnson, I. (1996): *Understanding MapInfo : A Structured Guide*, The University of Sydney.
5) 鋤柄俊夫(1992):遺跡の景観復元.第5回考古学におけるパーソナルコンピュータ利用の現状,pp.27-34,帝塚山大学.
6) 碓井照子・太田浩司(1994):考古学研究におけるGISの利用.地理情報システム学会講演論文集,**3**:1-6.
7) 加藤常員ほか(1996):古代ノロシ通信路の探索.情報処理学会全国大会講演論文集,**46**:287-288.
8) 森本 晋(1992):CAA 92参加記.考古学研究,**39**(1):23-28,考古学研究会.
9) 森本 晋(1993):コンピュータとガラス瓶と―オーストラリアでのUISPP第四部会一九九三年研究集会に参加して.考古学研究,**40**(3):1-7.
10) 森本 晋(1995):CAA 95参加記.考古学研究,**42**(3):1-5.
11) 新納 泉ほか(1995):地理情報システム利用の試み.考古学研究,**42**(3):92-99.
12) 金田明大ほか(2001):考古学のためのGIS入門,古今書院.
13) 九州大学(2003):遺跡情報と都市情報の解読から活用へ,九州大学.
14) 宇野隆夫(2006):実践考古学GIS,NTT出版.
15) GIS NEXT(2006):特集 GISで先史・古代に迫る.*GIS NEXT*, **17**:124.
16) 奈良文化財研究所(2006):畿内産暗文土師器関連資料Ⅰ,奈良文化財研究所.
17) 奈良文化財研究所(2003):平城宮跡発掘調査報告ⅩⅤ―東院庭園地区の調査―本文編,奈良文化財研究所.
18) 高橋克壽・金田明大(2004):平城宮内におけるGPRを利用した探査.奈良文化財研究所紀要,2004:64-65.
19) Tsumura, H. (2001): Geostatistical approach to the topology of the prehistoric settlement system: a case study in Musashino upland, Tokyo, Japan. *The E-way into the Four Dimentions of Cultural Heritage CAA 2003*, pp. 332-336, Archaeopress.
20) 津村宏臣(2006):縄文文化要素の傾向面分析と時空系列動態.実践考古学GIS,pp.104-132,NTT出版.
21) 山口欧志(2006):弥生土器の分布論.実践考古学GIS,pp.133-143,NTT出版.
22) 寺村裕史(2006):古墳築造場所の選択と眺望分析.実践考古学GIS,pp.204-223,NTT出版.
23) Tobler, W. (1993): Three presentations on geographical analysis and modeling. *Technical Report*, **93**(1). National Conter for Geographic Information and Analysis, UCSB.
24) 千葉 史ほか(2000):地理情報システムを用いた遺跡集落ブロックの形成と最適交流経路の推定―北奥羽地方の縄文時代中期遺跡分布に関して―.情報考古学,**6**(2):1-9.
25) 金田明大(2001):地理情報システムを利用した古代の空間についての検討.環境と人間社会,pp.165-174,埋蔵文化財研究会.
26) Westcott, K. and Brandon, R. (2000): *Practical Applications of GIS for Archaeologists: A Predictive Modeling Kit*, Taylor & Francis.

27) 中野浩志(1997):メッシュデータを用いた未確認遺跡の立地推定―福岡県筑後平野北部地域におけるケーススタディ.地理情報システム学会講演論文集,**6**:169-172.
28) 津村宏臣(2006):遺跡立地の定量的解析と遺跡存在予測モデル.実践考古学GIS, pp. 248-268, NTT出版.
29) 金田明大(2004):歴史的空間へのアプローチ.文化の多様性と比較考古学,pp. 371-380, 考古学研究会.
30) 森本 晋(2003):遺跡情報と遺跡データベース.奈良文化財研究所紀要,**2003**:70-71.
31) 森本 晋 (2005):遺跡情報交換標準の研究,奈良文化財研究所.
32) Gillings, M. and Wise, A. eds.(1990): *GIS Guide to Good Practice*, Oxbow Books.

10 歴史・地理とGIS

10.1 国際会議などにおける動向

　本章では，9章で検討される考古・文化財と11章で取り上げられる古地図を除く，古文書史料をはじめとする文字史料を研究の主な素材とする歴史・地理，すなわち歴史地理学および隣接する歴史系諸科学における GIS 利用について展望する．しかし，歴史系諸科学の研究成果は広範に及ぶため，その全貌に目配りすることは困難である．そこで，筆者が参加した歴史地理学や歴史学に関わる研究集会のプログラムをもとに，この分野における GIS の利用状況について整理することから始めたい．

　国際歴史地理学会（International Conference of Historical Geographers）で報告された"GIS"をタイトルに含む論文は，2001年8月にカナダのラーバル大学で開かれた第11回大会における論文総数 229 編の約1%を占める2編にであった．しかし，2003年12月にニュージーランドのオークランド大学で開催された第12回大会では，論文総数 169 編の約5%に相当する8編，2006年8月にドイツのハンブルグ大学で開催された第13回大会では，論文総数 115 編の約2%を占める2編となった．

　ヨーロッパ社会科学的歴史学会（European Social Science History Conference）に設けられたセッションのうち"GIS"をタイトルに含むものは，2002年3月にデン・ハーグの国際会議場で開催された第4回大会まで皆無であった．しかし，2004年3月にベルリンのフンボルト大学で開催された第5回大会では，セッション総数 350 の約1%を占める3つのセッションが，2006年3月にアムステルダムの RAI 国際会議場で開催された第6回大会では，セッション総数 333 の約1%

表 10.1 歴史系諸科学と GIS に関わるシンポジウム

開催年・月	主催機関	会　場	シンポジウムの名称
2002 年 12 月	人文系データベース協議会	帝塚山大学	公開シンポジウム「人文科学とデータベース －人文科学における空間情報の利用－」
2003 年 12 月	ユネスコ・国立情報学研究所	奈良県公会堂	「デジタル・シルクロード」奈良シンポジウム
2004 年 1 月	東京大学空間情報科学研究センター	東京大学	「人文社会科学の空間情報科学」国際シンポジウム
2005 年 2 月	国際日本文化研究センター	国際日本文化研究センター	国際シンポジウム「世界の歴史空間を読む －GIS を用いた文化・文明研究－」
2007 年 2 月	京都大学地域研究統合情報センター・東南アジア研究所ほか	京都大学	「地域研究と情報学：新たな地平を拓く」シンポジウム
2007 年 8 月	名古屋大学環境学研究科	名古屋大学	「歴史地図と GIS」国際シンポジウム
2007 年 12 月	情報処理学会人文科学とコンピュータ研究会	京都大学	「人文科学とコンピュータ シンポジウム －デジタルアーカイブと時空間の視点－」
2009 年 7 月	人文地理学会歴史地理研究部会・情報処理学会人文科学とコンピュータ研究会	帝塚山大学	「Historical GIS の地平」シンポジウム

を占める 2 つのセッションが，2008 年 2 月にリスボン大学で開かれた第 7 回大会ではセッション総数 400 の約 1% を占める 3 つのセッションが "GIS" をタイトルに含むものとなった．

　日本でも今世紀に入って表 10.1 に示したシンポジウムが開催・企画された．いずれも GIS を利用した歴史情報分析の将来を見据えた研究集会と評価できる．

　ここで紹介した国際会議における GIS に関わる研究報告やセッションの定着，日本における研究集会の相次ぐ開催は，GIS の有用性が歴史系諸科学からも評価され始めたことを物語っている．このような動向を背景として，Historical Geography 誌 33 号（2005）に Historical GIS が特集された．ここにあげた研究集会が歴史系諸科学全体の動向を必ずしも反映しているわけではないが，21 世紀に入り，この分野における GIS 利用は黎明期からの離脱(テイクオフ)を図る段階に至った．

10.2 GIS 活用に向けての課題

10.2.1 研究課題の創成

2002年12月に帝塚山大学で開催された公開シンポジウム「人文科学とデータベース -人文科学における空間情報の利用-」で総評を務めた及川昭文は,「1980・1990年代は人文系情報システムを構築すること自体が研究目的となりえた時代であった．今世紀は情報システムを発見的に利用して如何に人文科学の発展に寄与するか，という点が研究者の腕の見せ所となってくる」という趣旨で研究動向を総括・展望した[1]．わが国の人文科学におけるコンピュータ利用に関わる研究体制を土台から築いてきた立場からの卓見である．

歴史系諸科学の研究者に共通する目標は，史料に裏付けられた実証性の高い歴史像，民衆像，地域像を提案することにある．かつて歴史系諸科学の研究方法は，いち早く近代化をなしとげた西欧社会の経験を物差しとして，日本がどれほど遅れているか，異質であるかといった距離を計測するものであった[2]．計測方法は発展段階論として展開したため，時代の断絶性が強調された．現在の歴史系諸科学は，19世紀の西欧社会が生んだグランドセオリーの呪縛から解放され，これに代わる新たな方法論を求めて模索が始まった段階にある．試行錯誤が続くなかで，GISを活用しなければ提案できない新たな知見を発信することができれば，歴史系諸科学にブレイク・スルーを促す契機になると思われる．

GISが歴史系諸科学に必要な研究方法として定着するためには，① GIS を発見的に活用して，通説の示す歴史像，民衆像，地域像に再検討を迫る研究成果をあげること，② 魅力ある研究成果を国際社会に向けて発信して，人々の知的好奇心を刺激すること，③ 歴史系諸科学や情報科学といった研究分野の枠を超えたコラボレーションを図ること，の3点が最重要と筆者は考える[3]．このうち②と③は，コンピュータ利用環境の激変やインターネットの普及などに伴い，1990年代後半から創成された新たな研究課題である．

10.2.2 研究成果の蓄積・公開・発信

GISを活用した個別研究の深化に加え，貴重な研究成果が広く一般から評価を受けるには，学術情報の蓄積・流通体制の開発・整備が必要となる．GISは歴史系諸科学の地平を切り拓く研究環境を構築するためのツールであるにとどまら

ず，研究成果の蓄積，公開，発信，あるいは教育支援に向けて展開する可能性を含んでいる．

わが国では，中等教育課程を終えた人々の過半数が高等教育を受ける機会に恵まれるようになった．さまざまなメディアとの競合のなかでいかに研究成果の真髄を提供して，お茶の間で寛いでいる数多の知識人の興味関心を引くかが問われる時代が到来した．デジタル・コンテンツの提供方式に関わる技術開発への高い社会的関心を背景として，VRやCG技術を駆使した仮想博物館，ウォーク・スルー，デジタル・アーカイブズ，およびe-learningへの取り組みも見逃せない動向である．

10.2.3 研究方法の体系化

GISを活用して歴史系諸科学にブレイク・スルーを促し，研究成果を発信するには，歴史系諸科学と情報科学とのコラボレーションを図る必要がある．これは一方が他方の僕となって仕えることと同義ではない．両者の見方・考え方を持ち寄り，協力して1つの仕事に結晶させることである．そのためには，研究者の立脚する分野の研究目的や研究方法を相互にわかりやすく説明する必要が生じる．これを「研究方法の体系化」，あるいは「知識ベースの構築」と呼び替えてもよかろう．学際的な研究方法を採択せざるをえない境界領域の課題解明を目指す者が直面せざるをえない最大の難問である．

研究方法の体系化を図るには，「統合化」，「共有化」，および「学際化」がキーワードとなる．絵図や古地図を含む画像史料，古文書史料，考古資料，統計資料，フィールドワークなどから得られる多様な歴史情報は，位置情報と時間情報を軸として統合される可能性を持つ．しかし，過去の出来事が発生した位置と時間を特定して，測地系上のピンポイントに示すことは，多くの場合きわめて困難である．したがって，時空間スケールに応じて，特定の問題に関与する社会的関係や自然条件を含む地域構成要素の選別が求められる．歴史情報をHistorical GISに統合するには，史・資料の吟味とともに，時間と空間に対する考え方を整理する必要があろう．

歴史情報の共有化に向けての課題として，学術用語の整理に基づくシソーラスやオントロジーの構築，メタデータの整備，新測地系への対応などが重要である．同一分野の研究者の間でも，学術用語の統制を図ることは至難の業である．

多数の研究者が作成した調査結果を集積してGISデータベースを構築する際，大きなボトルネックとなる．情報処理技術による解決方法の提案と各専門分野をあげての対応が求められる．

統合化と共有化の対象を拡大することにより，学際化を射程に捉える可能性が生まれる．阪神・淡路大震災の諸研究で示されたように，GISデータの処理には，自然科学と人文・社会科学などにまたがる総合的アプローチが求められる．GISは，極度に専門分化した近代科学の問題点を克服して，位置情報と時間情報を軸に過去の民衆生活を総合的に捉えなおす「仕組み」としても有用と思われる．

10.3　GISアーキテクチャの動向

Historical GISを構築するには，歴史系諸科学の研究者であってもプラットフォームとなるGISアーキテクチャの動向を視野に納める必要がある．GISアーキテクチャが歴史情報の統合化や共有化のあり方を左右するためである．情報科学では，地球全体から小地域まで多様な空間スケールの処理方式の統合，時代的汎用性をもった情報モデルの構築，研究視点に時間を組み込んだ時空間概念の採用などが克服すべき技術的課題として認識され，いずれも実装段階に入った．すなわち，先にあげた研究情報の蓄積・公開・発信と研究分野の枠を越えたコラボレーションを意識したGISアーキテクチャの開発が，情報科学では本格化している．

時系列的変化を視覚化することのできる既存のGISアーキテクチャのうち，著名なものの1つにシドニー大学のI. Johnsonが開発したTimeMap（http://www.timemap.net/）があげられる．TimeMapは歴史情報の時系列的変化を動的に表示するタイムバー機能が特に優れている．そのため，ECAI（Electric Culture Atlas Initiative）クリアリングハウス（http://ecai.org/）をはじめ，世界各地で考古学や歴史学に関するビューアとして採用されてきた．しかし，TimeMapはビューアに特化したシステムといっても過言ではないため，人々の好奇心を大いに刺激したが，歴史系諸科学の要求水準を必ずしも満たすものではなかった．そのため，わが国でもTimeMapの機能を上回るGISアーキテクチャの開発が，今世紀に入って本格化している．

地域開発研究所の花島[4,5]は，時空間情報の視覚化に3次元グラフィックスを

用いて，暦象オーサリングツールの開発を進めている．暦象オーサリングツールは，緯度（可変），経度（可変），時間の3座標軸から構成される仮想3次元空間である Crono-Matrix にオブジェクトを配置した画像をリアルタイムに生成することにより，あたかもユーザがタイムマシンに乗って時空間を航行しているような感覚を得ることができる視覚化ツール Crono-Matrix Viewer を実装している．

大阪市立大学文学部の森 洋久研究室では，現在主流となっている集中管理型 GIS を乗り越えるために，完全自立分散型 GIS アーキテクチャに基づく GLOBALBASE (http://www.globalbase.org/) の開発を進めている[6,7]．GLOBALBASE は，基準となる座標系や時間軸をもたず，ユーザが定義する異なる座標系や時間軸同士の関係をマッピング技術によって結びつける，分散化に適した地理情報データ構造を提案している．これは過去，現在，未来のあらゆる時空間に対応するアーキテクチャの構築をめざすものであり，GIS の近未来を左右する可能性を持っている．

京都大学地域研究統合情報センターは，地域情報資源共有化プロジェクト「地域情報学の創出」を立ち上げ，時空間情報分析ツール HuMap と HuTime の開発を本格化している[8,9]．プロジェクトでは，時空間情報を主題軸，空間軸，時間軸から構成される3次元座標に表現する情報モデルを提案している．主題軸と空間軸が形成する地図平面に対応する分析ツールが HuMap，主題軸と時間軸が形成する年表平面に対応する分析ツールが HuTime であり，将来的には HuMap と HuTime を相互参照できるようにする計画である．この構想が実装段階に入り，時間と空間を同時に分析できるようになれば，TimeMap や Google Earth などの既存システムを上回る機能をもつ時空間情報解析ツールに発展する可能性が高い．

10.4　歴史地理学における GIS 活用への期待

歴史地理学が一貫して追求してきた課題は，地域社会に生きた民衆の日常生活を忠実に復原・描写することであった．とくに，緻密なフィールドワークに基づく景観復原の方法を駆使して，日常生活が営まれた舞台を生き生きと描くことに成功をおさめてきた．歴史系諸科学のなかには，研究者自身が置かれた社会的状況に応じて方法論を激変させた分野もみられたのに対して，歴史地理学が貫いて

きた実証的姿勢は，大きな特色であるとともに最大の魅力でもある．

明治時代に作成された地籍図や土地台帳を資料として土地利用や土地所有の変遷を図示する，あるいは空中写真や大縮尺の地形図から過去の自然環境を判読するといった作業は，歴史学，考古学，建築学などの隣接分野にも導入された歴史地理学の基礎的調査法である．近年では，衛星画像を利用した遺跡や古環境の探査など，景観復原のための新技術の開発も進んでいる．

日記，宗門改帳，過去帳，検地帳，名寄帳，地誌をはじめとする多様な古文書史料から過去の人々の空間行動を抽出して，主題図に表すことも，民衆の日常生活を復原するための基礎的作業である．明治時代以降に公表されてきた統計資料の利用についても，長い研究史を有している．

人々の心に懐かれた外部環境のイメージの理解・解釈を目的とする研究方法の展開は，歴史地理学の新しい動向である．絵図や古地図から主体的な世界 (subjective world) を解明する手がかりを得る方法が模索されている．絵図や古地図は，精密な測量技術に基づく近代以降の地図とは異なり，縮尺，方位，天地表現，および構図などに独特の歪みや構造をもっている．この地図学的構造を手がかりとして，絵図の作成に関わった人々の空間認識に接近を図るのである．

史・資料を駆使して景観復原，空間行動の復原，あるいは地図学的構造の解明に至る研究過程を逐一正確に説明できる場合，その研究過程を自動化して GIS を含む情報システムを構築する可能性が拓ける．情報システムの構築は，先に述べた「研究方法の体系化」や「知識ベースの構築」に向けての第 1 歩となる．

GIS を含む人文系情報システム構築の意義として，① 研究過程の短縮，② 研究過程における再現性の保障，③ 研究者間における史・資料と研究方法の共有，④ 史料保存の 4 点を強調しておきたい．世界に 2 つとない史料を高解像度の画像データとして保存して，画像処理を施すことにより，貴重な史料の劣化を防止する，あるいは劣化した史料を復原することも期待できる．

10.5 GIS を活用した事例研究

10.5.1 地域構造の発見に向けて

わが国の歴史地理学で GIS を活用して最も早い時期に成果をあげたのは，江戸時代に編纂された地誌書の分析であった．溝口[10]は，『尾張国町村絵図』から

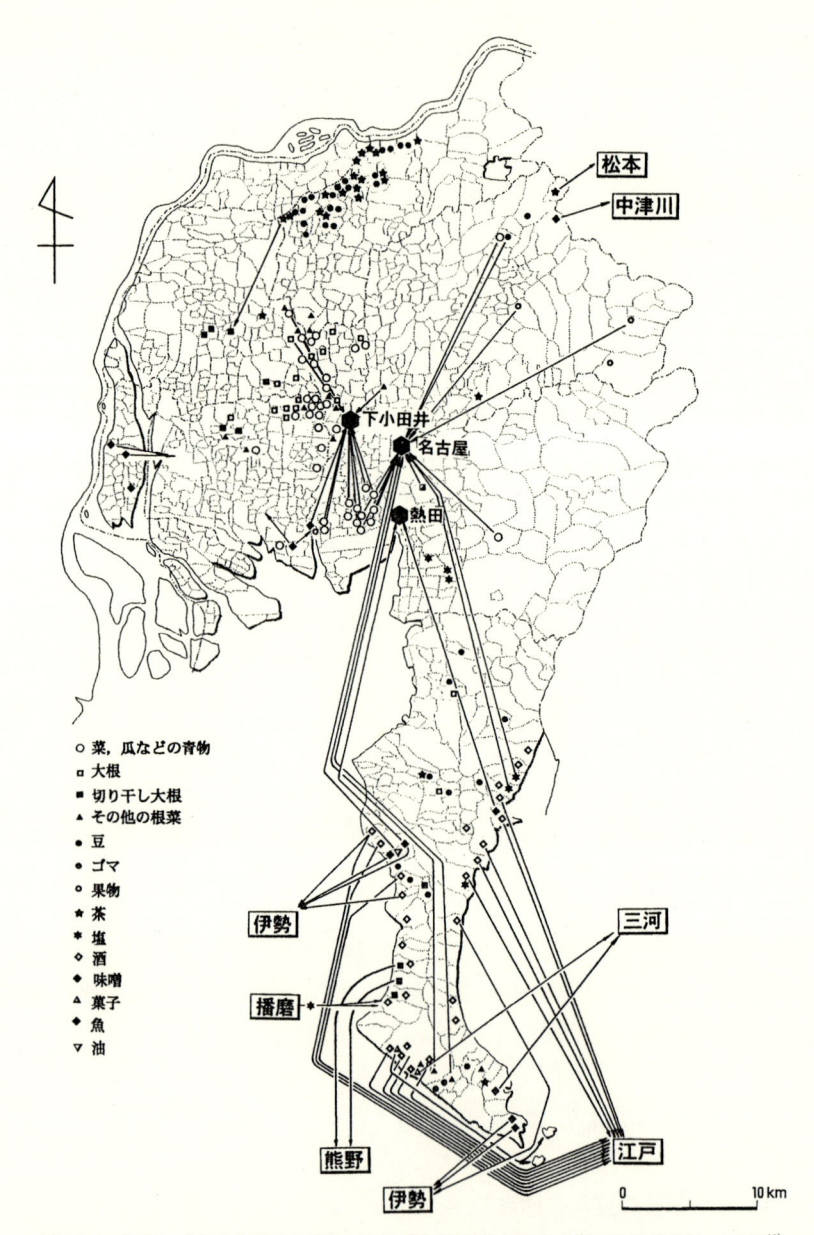

図 10.1 野菜・食料の生産地と流通 (1822年)(新修名古屋市史第三専門部会編, 1998)[12]

作成したベースマップに1762（寛文12）年に編纂された『寛文村々覚書』と1822（文政5）年に完成した『尾張徇行記』に記録されている多様な地理情報を谷 謙二が開発したMANDARA[11]を使って色鮮やかな分布図に表した（図10.1）[12]．次いで，G. W. Skinnerが提案している中心周辺構造論（core-periphery structure）を尾張国の土地評価体系に適用して，名古屋城下町を中心とした地域構造を見出し，仮説の検証を行った．

江戸時代には全国で数多くの地誌書が編纂されている．そのため，溝口がMANDARAを用いて構築した研究方法を適用できる可能性のある古文書史料は広範にわたる．溝口自身も，1688（貞享5）年に隠岐国で作成された地誌である『増補隠州記』[13]，尾張藩が作成した土地条件記録である『六段地帳』[14]，仙台藩が安永期（1773-1780）に作成した『風土記御用書上』[15]への適用を試みている．

他方，塚本[16]は，18種類の京都名所案内記に描かれた名所の時空間的変化を解明するためにArcGIS 9.xを用いた分析手法を提案した．すなわち，名所案内記の出版された時期を17世紀中期，17世紀後期，18世紀前期，18世紀後期の4期に区分して，掲載項目などの発生から維持，消滅にいたる歴史的変遷を追跡することにより，核となる名所を結ぶ遊覧経路が設定された影響を計測している．

江戸時代には，地誌書と同様，多くの名所案内記が刊行された．塚本は京都だけで重版を含む246もの名所案内記を確認している．名所の発生や消滅の背後に潜む人気や流行といった時代を象徴する民衆の心性に迫る研究を期待したい．

10.5.2　空間行動の復原に向けて

地誌書を素材とした地域構造の分析に続き，GISを活用して民衆の日常生活における空間行動を復原した研究成果が得られた．村田[17]は，17世紀末から18世紀初頭まで27年間にわたって名古屋で記録された『鸚鵡籠中記』という日記に基づき，武士の空間行動を復元した．日記の著者は，尾張藩で御畳奉行などを務めた百石取りの中級藩士である朝日文左衛門重章である．

藩士の屋敷地や寺社の所在地を確認することのできる『尾府名古屋図』をもとにベースマップを作成し，先に述べたMANDARAを用いて文左衛門の空間行動を目的ごとに図示している（図10.2）．文左衛門の行動が親戚筋と自宅周辺の職務に関わる同僚や上司の家に集中している点，城下外への行動は自宅から半径10 km圏内でほぼ完結しており，酒食・行楽と社寺参詣を主な行動目的としてい

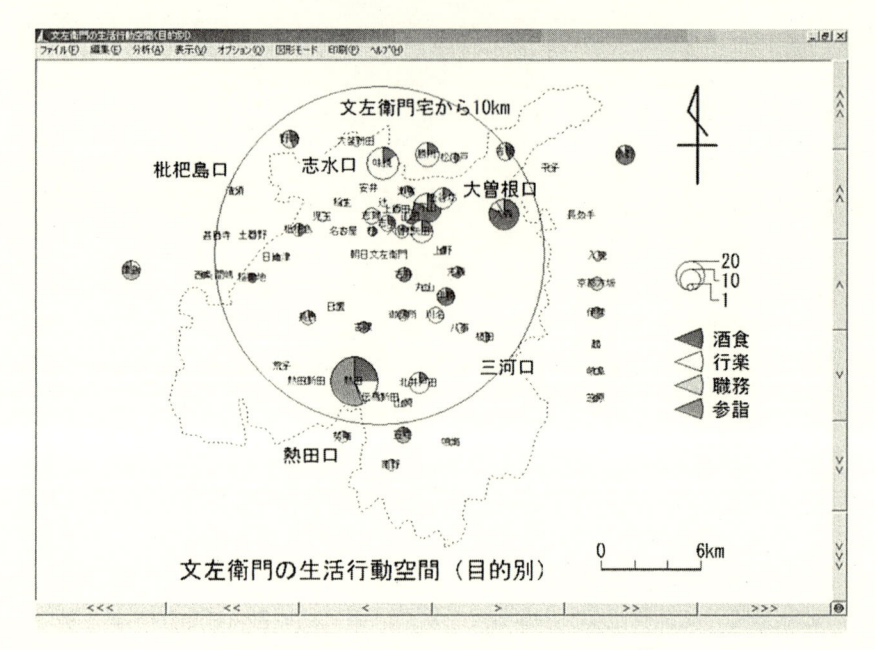

図 10.2 朝日文左衛門の生活行動（村田，2004）[17]

た点などが明らかにされた．

　日本に保存されている民衆の著した日記は膨大な量にのぼり，全国各地で地道な翻刻作業が続いている．19世紀の武蔵国多摩郡に限定しても，八王子千人同心，名主，組頭，平百姓，筏師，僧侶，陰陽師，医師などが著した15を超える日記の存在が知られている．そのため，村田の提案した研究方法を他の日記に適用して発展させる余地は大きい．

　過去に生きた人々の空間行動やライフコースは，先行研究の乏しいフロンティア領域の課題でもある．時間地理学（タイムジオグラフィー）の研究方法を導入して，さまざまな身分，階層，地域，時代に属する民衆の空間行動やライフコースを3次元のダイナミックマップに集約すると，物理的制約，生理的制約，結合の制約，規則・慣習の制約といった制約条件や周期性を発見できる可能性も少なくない．

10.5.3　災害のメカニズム解明に向けて

　川畑ほか[18]は，「数値地図2500」に『妙知焼図（みょうちやけず）』をはじめとする江戸時代の大

阪で発生した6件の大火で焼失した範囲を示す古地図を重ね合わせて焼失面積を推計した．ついで，大阪市史編纂所（1967-1979）『大阪編年史』などの文献資料に記録されている罹災者数と焼失面積を対照することにより，大火で焼失した範囲ごとの人口密度を推計した．これまで古文書史料から直接求めることのできなかった大坂三郷とこれに隣接する市街地の人口密度が初めて推計され，両地域の人口密度に著しい格差がみられたことが指摘された．

渡邉ほか[19]は，「東京大学史料編纂所データベース SHIPS for インターネット検索ページ」の「編年史料綱文 DB」，「古記録フルテキスト DB」，「古文書フルテキスト DB」から12世紀の平安京で発生した火災を検索して焼失範囲を地図化することにより，火災発生地域の空間的特性を検討した．その結果，春季に火災の発生が多く，火災発生地域が左京北部から次第に南部に移動していったことが明らかにされた．他方，右京における火災はまれであり，右京に市街地が分布していなかった可能性を裏付けている．

他方，石﨑[20]は夏季の低温障害がもたらす凶作について検討している．まず，旧仙台藩領の市町村を対象に，大凶作が発生した1905（明治38）年をはさむ期間における米の収穫高の変動係数を従属変数，平均傾斜，平均方位，作付面積などを説明変数として重回帰分析を行った．つぎに，「数値地図250m（標高）」に明治後期の市町村界を復原したベースマップに，重回帰分析から求めた残差と寺院「過去帳」から求めた宝暦，天明，天保飢饉時の死亡パターンを重ね合わせた．その結果，江戸時代の飢饉で死亡危機に直面した地域ほど明治後期における凶作時の収穫高が安定しており，地域「耐性」が醸成されているという仮説を示した．

火災の発生メカニズムや焼失地域の範囲には，風速，風向き，乾燥の程度といった自然環境や人口密度，建蔽率，町割をはじめとする都市構造など多様な要素が関係していると推測される．また，冷害の人的被害にも，海水温，気温，風向，降水量，地形といった自然環境や作物の種類，商品流通，人口，救荒備蓄など多様な要素が影響する．今後，GISの特性を活用した総合的な分析が行われ，防災に寄与する知見が得られることを期待したい．

10.5.4 人口現象の分析に向けて

川口と加藤[21]は，江戸時代の人口移動を阻害した要因を分析するシステムの構築に着手した．まず，川口研究室が構築している「江戸時代における人口分析

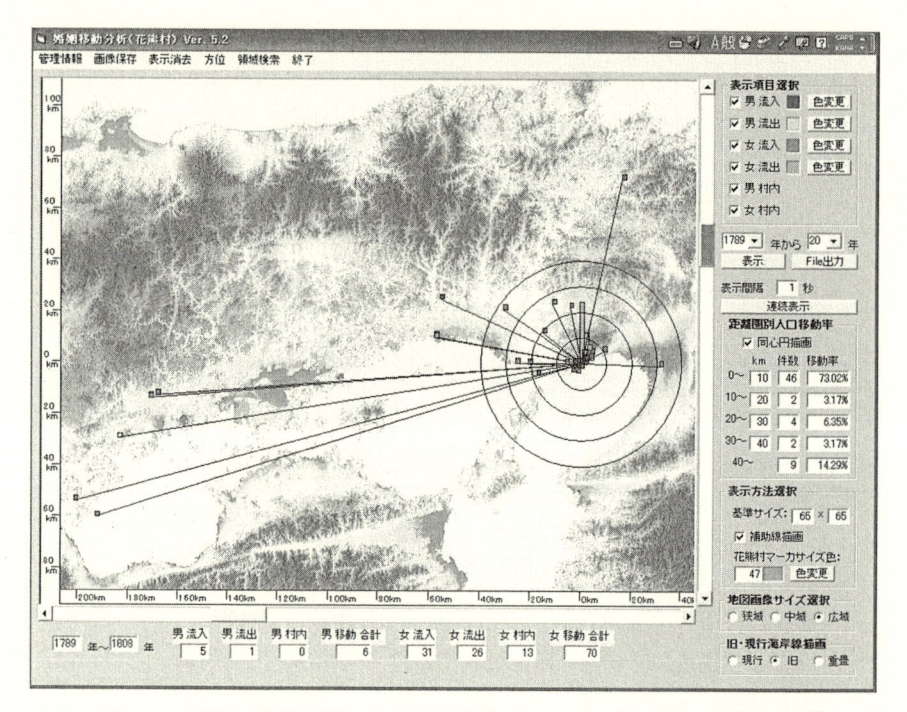

図10.3 摂津国八部郡花熊村における婚姻移動（1789～1808年）（中島・加藤，2006）[23]

システム（DANJURO ver.4.0）」(http://kawaguchi.tezukayama-u.ac.jp) を用いて，江戸時代後期の摂津国八部郡花熊村における婚姻移動情報に位置情報を付加して基礎データを作成した．次に，1884（明治17）～1893（明治26）年に作成された『輯製二十万分一地勢図』から海岸線や旧国郡界を抽出して数値地図50mメッシュ（標高）に重ね合わせ，ベースマップとした[22]．さらに，加藤研究室が開発中の分布図作成支援システム[23]をカスタマイズして，幕末期の地形環境に近いベースマップに婚姻移動を動的に示し，簡単な統計分析機能を加えた（図10.3）．花熊村の通婚圏は，東は大坂，西は瀬戸内海の芸予諸島，南は讃岐国，北は丹波国まで広範にわたっており，藩境，郡境，国境などの政治的境域が婚姻移動の阻害要因になっていなかったことが改めて確認された．

婚姻移動を含む江戸時代の人口現象を復原するために利用される「宗門改帳」は，17世紀末から1871（明治3）年まで，原則として毎年，全国の村や町ごとに作成されていた．筆者は，『天保郷帳』から確認できる1834（天保5）年

の全国 63,562 ヵ村のなかで,約 3.7% に相当する 2,300 ヵ村で 50 年以上連続して「宗門改帳」が保存されていると推定したことがある.古文書史料読解から人口指標算出に至る研究過程には,膨大な作業量を必要とするため,全国各地で大切に保存されている「宗門改帳」が首を長くして分析を待っている状況が長く続いている.

他方,近代化開始以前の伝統社会には,人口再生産に大きな影響を与える女性の初婚年齢,出産力,家族構造などに著しい地域差がみられた[24].したがって,統計資料が整備される以前の日本における人口再生産構造の全貌を復原して,長期的人口変動を展望するには,古文書史料のデータベース化を 1 歩進め,Historical GIS の構築が必要となる.川口と加藤のシステムは,江戸時代を対象とした人口研究における Historical GIS 構築の魁と位置づけられる.

10.5.5 地名辞書の共有化に向けて

Historical GIS を用いて歴史情報を分析するには,地名と新測地系による緯度と経度を特定できる位置情報の両者を相互参照できるデジタル地名辞書の整備が必要不可欠である.歴史地名にも対応するフリーのデジタル地名辞書としては,Getty Thesaurus of Geographic Names Online (http://www.getty.edu/research/conducting_research/vocabularies/tgn/) や Alexandria Digital Library Project Gazetteer Development (http://middleware.alexandria.ucsb.edu/client/gaz/adl/index.jsp) が知られている.しかし,日本,朝鮮半島,中国を含む漢字文化圏の歴史地名を検索できるデジタル地名辞書は構築されていない.

桶谷[25]は,人間文化研究機構が推進している研究資源共有化プロジェクトのなかで,『大日本地名辞書 第 1 巻-第 8 巻』(吉田東伍編,冨山房,1907)をもとにデジタル歴史地名辞書の構築に取り組んでいる (http://pnc-ecai.oiu.ac.jp/cgi-bin/chimei/ochimei.cgi).デジタル歴史地名辞書には,対象となる場所の歴史地名,読み方,包含関係(対象となる場所がどの郡に属し,その郡がどの国に属しているか)を示す地名とその読み方,対象となる場所の現在地名とその読み方,包含関係,緯度,経度,地名属性(山,川,町などに分類)などが登録されている.

今後は,膨大な歴史地名と位置情報を相互参照することのできるデジタル歴史地名辞書の公開に向けて,提供方式の検討が必要となる.

10.6 黎明期から離脱するために

　過去に生きた人々の日常生活の復原を目指す歴史地理学および隣接する歴史系諸科学においても，GIS を利用したシステムの試作が研究目的として評価される黎明期は過ぎようとしている．歴史系諸科学に必要な研究方法として GIS が浸透していくためには，先に示した3点が今後も引き続き最重要課題になると筆者は考える．再言すると，① GIS を発見的に活用して，通説の示す歴史像，民衆像，地域像に再検討を迫る研究成果をあげること，② 魅力ある研究成果を国際社会に向けて発信して，人々の知的好奇心を刺激すること，③ 歴史系諸科学と情報科学の枠を超えたコラボレーションを図ることである．

　①に関して，古文書史料などの文字史料を研究の主な素材とする歴史地理学や隣接する歴史系諸科学においても，従来の研究方法だけでは実現が困難であった課題への取り組みが始まり，日本でも 1990 年代末から GIS を活用した事例研究が芽生えた．その結果，史料から抽出した歴史情報に位置情報と時間情報を加えたデータベースを Historical GIS に発展させ，これを活用することによって，歴史系諸科学に新たな地平を切り開く可能性のあることが認識されるようになった．

　②と③は今世紀に入って創成された新たな研究課題であり，試行錯誤が始まった．②と③を意識した GIS アーキテクチャの開発状況は，歴史情報の統合化や共有化に影響するため，歴史系諸科学の研究者であっても細心の注意を払う必要がある．

　Historical GIS を利用した事例研究を促進するうえで，デジタル地名辞書をはじめとする公共性の高い研究情報の基盤整備は欠かせない条件となる．なかでも，江戸時代の村・町・郡・国から現在の市町村・都道府県にいたる行政区画の変遷を示す位置情報をデータベース化して，利用者からの問い合わせに応答するシステムの構築は喫緊の課題である．古文書史料から歴史情報を抽出して地図に表す研究過程を短縮して，研究成果を共有・発信するためには不可欠である．

　行政区画の変遷を利用者に提供するシステムの先駆的業績として，筑波大学・村山研究室の「行政界変遷 WebGIS」(http://giswin.geo.tsukuba.ac.jp/teacher/murayama/boundary/) がある．このサイトでは，明治 22 (1889) 年から平成 18 (2006) 年に至る市町村界の変遷を地図に示し，インターネット上に公開している．これを1歩進めて，江戸時代の村境と明治 22 年以降の市町村界をつなぐ

には，膨大な作業量を必要とする．もちろん，行政区画の位置情報を利用者に提供する方法についても，技術的な検討が必要となる．全国共同利用機関・施設における組織的対応を切望したい．

本章では日本の歴史系諸科学における GIS の活用に限って展望したため，PNC（Pacific Neighborhood Consortium）（http://pnclink.org/），ECAI，復旦大学・歴史地理学研究センター，中央研究院(アカデミアシニカ)・GIS センターなど環太平洋諸国における積極的な取り組みについて紹介することができなかった．近い将来，日本を含むアジアから Historical GIS を活用しなければ発想できない歴史像，民衆像，地域像が国際社会に向けて発信され，人々の探究心を刺激する日が来ることを心から期待したい．

本稿脱稿後，2008 年 8 月に地域情報学の創出を特集した「アジア遊学」113 号（勉誠出版）が出版された．20 を超える論考は，本章と深い関連をもつ．牛歩の趣があった歴史・地理における GIS 利用も，ようやく加速されてきた点を補足して，筆を擱(お)く． [川口 洋]

引用文献

1) 公開シンポジウム「人文科学とデータベース」実行委員会（2003）：シリーズ〈過去を知るための GIS〉第 1 回―課題と構成―．地理，48(7)：56-59．
2) 川口 洋（1995）：歴史地理学がめざすもの．地理，40(2)：57-61．
3) 公開シンポジウム「人文科学とデータベース」実行委員会（2004）：シリーズ〈過去を知るための GIS〉第 9 回―成果と展望―．地理，49(4)：66-69．
4) Hanashima, M. et al. (2006)：Rekishow authoring tools: risk, space, history. *Journal of Systemics, Cybernetics and Informatics*, 3(6), IIISCI.
5) 花島誠人（2006）：暦象オーサリング・ツールの構築―時空間情報データベースと情報視覚化手法について―．情報処理学会シンポジウムシリーズ，2006(17)：363-370．
6) 森 洋久（2004）：シリーズ〈過去を知るための GIS〉第 8 回―パラレルワールド GIS で時代を往来する―．地理，49(3)：90-98．
7) 森 洋久（2007）：GLOBALBASE 新時代の地理情報基盤技術．都市文化理論の構築に向けて（大阪市立大学都市文化研究センター編），pp. 195-232，清文堂．
8) 石川正敏ほか（2006）：階層型地理情報レイヤー提示手法．情報処理学会シンポジウムシリーズ，2006(17)：227-234．
9) 原 正一郎・柴山 守（2007）：地域情報学の創出と時空間情報分析ツール．情報処理学会シンポジウムシリーズ，2007(15)：71-78．
10) 溝口常俊（2004）：江戸・明治期における地誌の図像化による創造的地域論（平成 14 年度～平成 15 年度科学研究費補助金（基盤研究 C(2)）研究成果報告書，課題番号：14580084），名古屋大学環境学研究科地理学教室．

11) 後藤真太郎ほか（2007）：MANDARAとEXCELによる市民のためのGIS講座 新版，古今書院．
12) 新修名古屋市史第三専門部会編（1998）：江戸期なごやアトラス―絵図・分布図からの発想―（新修名古屋市史報告書4），名古屋市総務局．
13) 溝口常俊（2005）：GISによる近世隠岐の村落景観．世界の歴史空間を読む―GISを用いた文化・文明研究―（国際研究集会報告書24），pp. 373-385, 国際日本文化研究センター．
14) 溝口常俊（2007）：第四章 土地関係資料―六段地帳―第一節 解説．新修名古屋市史 資料編 近世1（新修名古屋市史資料編編集委員会），pp.561-578, 名古屋市．
15) 溝口常俊（2008）：『安永風土記』にみる仙台藩村落の田畑と人口―『御領分絵図』とGISによる分析―．18・19世紀の人口変動と地域・村・家族―歴史人口学の課題と方法―（高木正朗編），pp. 32-48, 古今書院．
16) 塚本章宏（2006）：近世京都の名所案内記に描かれた場の空間的分布とその歴史的変遷．GIS―理論と応用，**14**(2)：113-124.
17) 村田祐介（2004）：シリーズ過去を知るためのGIS 第7回―尾張藩士の生活行動空間を復元する―．地理，**49**(2)：80-85.
18) 川畑光功ほか（2004）：近世大坂大火のGIS分析と人口密度推計の可能性．情報処理学会シンポジウムシリーズ，**2004**(17)：1-8.
19) 渡邉泰崇ほか（2007）：GISを用いた歴史災害の時空間分析―12世紀平安京の火災を事例に―．情報処理学会シンポジウムシリーズ，**2007**(15)：131-138.
20) 石﨑研二（2008）：明治後期の凶作と地域「耐性」の様相―GISをもちいた旧仙台領の地域分析―．18・19世紀の人口変動と地域・村・家族―歴史人口学の課題と方法―（高木正朗編），pp. 66-88, 古今書院．
21) Kawaguchi, H. and Kato, T. (2007)：Data analysis system for historical demography in Tokugawa Japan. *Proceedings of Historical Maps and GIS*, pp. 23-29.
22) 加藤常員（2007）：『輯製20万分1図』データ活用に関する一考察．情報処理学会研究報告，**2007**(49)：73-80.
23) 中島高志・加藤常員（2006）：分布図作成支援システム．情報処理学会シンポジウムシリーズ，**2006**(17)：87-94.
24) Kawaguchi, H. (2002)：Constructing a demographic database system for analyzing the Japanese religious investigation registers. *Proceedings of International Symposium on Geo-Informatics for Spatial-Infrastructure Development in Earth and Allied Sciences 2002*, pp. 89-95.
25) 桶谷猪久夫（2007）：人文分野における日本地名辞書の構築と地名属性の特徴分析．情報処理学会シンポジウムシリーズ，**2007**(15)：79-86.

11 古地図と GIS

11.1 GIS を用いた古地図分析

　古地図は，絵図を含む近代以前に作成された地図の総称で，一般に，GIS 分析に欠かせない位置座標や標高といった空間情報をもたない．しかし，GIS ソフト上で古地図のデジタル画像データを幾何補正することによって，空間情報を与えることが可能となる[1,2]．以下では，そうした手法を用い，古地図を活用した GIS 分析例をいくつか紹介してみたい．

　なお，日本では古地図の多くは見取絵図であり，絵画的要素が強く地理的位置情報が不正確な中世荘園絵図や近世国絵図などは，必ずしもこのような手法による GIS 分析には馴染まない[3]．GIS 分析に適した古地図としては，方格図法をとる古代荘園図や城下絵図を含む近世都市図，そして本章で取り上げる近世中葉以降に作成されてくる実測図系の絵図などがあげられよう．

11.2 古地図を活用した GIS 分析

11.2.1 幾何補正の手続き

　ここでは，1827（文政10）～1858（安政5）年の間に作成されたと推定される『観音寺村検地・知行絵図（仮称）』(個人蔵，原寸 150×171 cm，縮尺約 600 分の1）の明治初期の写図である『名東郡十一小区之内観音寺村細密図』(以下『観音寺村細密図』と略記，徳島市立徳島城博物館蔵）を用いて，古地図の幾何補正（アフィン変換）について説明したい[4]．

　アフィン変換とは，図形・画像処理に一般的に利用される幾何補正の手法の1

図11.1 コントロールポイントの追加

つである．図形・画像の平行性といった幾何学的な性質を維持しつつ，図形を回転，拡大・縮小，平行移動させる補正法である．GIS ソフトで画像を補正する際には，ベースマップとなる数値地図もしくはオルソ空中写真が必要となる．『観音寺村細密図』は大縮尺の絵図であるため，ここでは，ベースマップとしてオルソ空中写真画像データを用いた．また補完的に，四隅に位置座標を設定してデジタル化した 2,500 分の 1 徳島市全図（都市計画図）の画像データも用いた．

具体的にはまず，空中写真画像データを表示した GIS ソフト（本章では ArcGIS を使用）の画面上に，ジオリファレンス機能を用いて『観音寺村細密図』の絵図画像データを読み込む．次に，道の交差点，農地・屋敷地区画の角，寺社などから，位置が不変とみられる同一地点を抽出する．そして，絵図の画像データ上と空中写真の画像データ上との同一地点に，それぞれ CP（コントロールポイント）を設定する（図 11.1，11.2）．CP の数が多く絵図全体をまんべんなくカバーできるほど，絵図画像データの幾何補正の精度は増すことになるが，時代が隔たるほど同一地点と確認（同定）される地点数は限られる．

CP の設定が終わると，ジオリファレンス機能の「アフィン変換（1 次多項式変換）」により，空中写真の CP の位置座標に合わせるように，絵図画像データを幾何補正することになる（図 11.3）．ただし，アフィン変換の場合には，基本的に絵図画像データ全体を平行移動する幾何補正（全体補正）をとるため，設定した個々の CP は絵図画像の全体平均移動距離との間に誤差を生じることになる．それゆえ，幾何補正しても，絵図画像上のすべての CP がベースマップとした空中写真上の CP の位置座標と合致するわけではない．絵図画像データ CP と空中写真画像データ CP との間には，当然ながら歪みやズレといった誤差が生じることになる．CP の誤差（RMS 残差：root mean square error）については数値

11.2 古地図を活用した GIS 分析

図 11.2 コントロールポイントを追加した絵図（『観音寺村細密図』，徳島市立徳島城博物館蔵）

図 11.3 アフィン変換後の絵図
ArcMap ファイルのデータフレームの座標系は日本測地系の平面直角座標第 IV 系とし，空間データの測地系はすべて日本測地系に統一した．

化されるため，古地図の歪みを客観的に測定することも可能となる[5]．今回の作業における RMS 残差は平均 6.712 m であったが，実長で東西 1,019 m × 南北 949 m に及ぶ絵図の範囲を考慮すれば，この値は許容範囲内の値といえる．

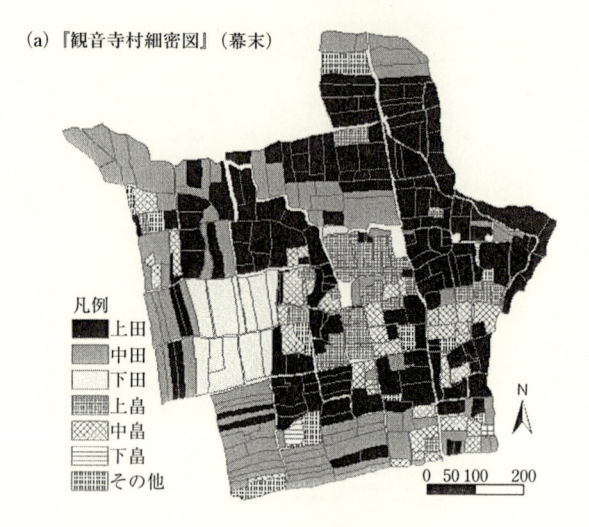

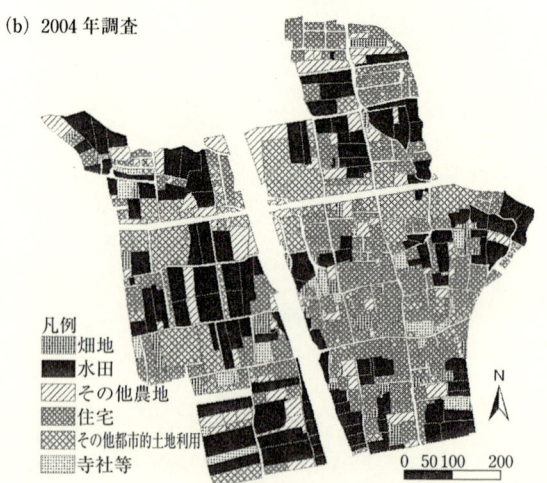

(a)『観音寺村細密図』(幕末)

凡例
■ 上田
▨ 中田
□ 下田
▦ 上畑
▩ 中畑
☰ 下畑
▓ その他

0 50 100 200

(b) 2004 年調査

凡例
▤ 畑地
■ 水田
▨ その他農地
▦ 住宅
▩ その他都市的土地利用
▦ 寺社等

0 50 100 200

図 11.4 観音寺地区における土地利用の変化

11.2.2 農地区画の計測と土地利用分析

図 11.4（上図）は，上記の手続きにより幾何補正した『観音寺村細密図』に記載された土地区画の区画線をなぞって，GIS 上でポリゴンデータを作成し，土地利用別に表示したものである．ポリゴンデータの作成には多大な労力を必要とするが，このようなデータを用いることで，これまでの研究では困難であった一

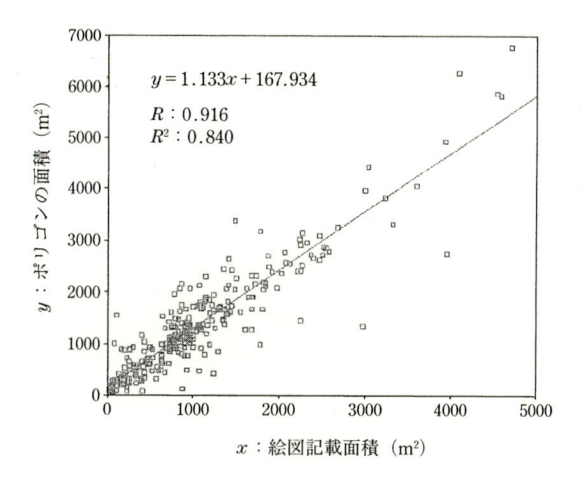

11.2 古地図を活用した GIS 分析

図 11.5 絵図記載の田畠面積とポリゴン面積の相関
家屋敷地の面積が不明のため，家屋が記載されている田畠は除外している．

筆農地ごとの面積計算などが可能となる．

『観音寺村細密図』には，一筆農地ごとに給人（知行主の高取藩士）の氏名や字名，地目，等級，石高，反別（地積），名請人などの情報が記されている．GIS ソフト上では，こうしたデータを土地区画データ（ポリゴンデータ）と結合することで，さまざまな地図の表示や解析が可能となる．ここでは，各ポリゴン（一筆ごとの田畠）の面積を，GIS 上の属性テーブルからフィールド演算した数値と，『観音寺村細密図』の一筆農地に記載された面積（いずれも反歩を m^2 に換算）とを比較した（図 11.5）．その上で，ポリゴン面積を被説明変数，絵図に記載された面積を説明変数として単回帰分析を行った．

その結果，相関係数が 0.916，決定係数は 0.840 という高い値が得られ，一筆ごとに計測した農地面積の精度も比較的高いことが明らかとなった．このことは，本図が実測にもとづいて作成されたであろうことを想定させる[6]．ただし，偏回帰係数は 1.133 と，絵図に記載されている面積に比べて，実際のポリゴン面積のほうがやや広い値となった．その要因には，絵図の描画方法や検地上の問題点が指摘できる．前者については，農地を分ける畦畔が絵図ではラインとして表示されていて，畦畔の面積が GIS 上のポリゴンに加算されたためと推測される．他方，当時の検地測量では土地の長辺と短辺のみを計測する十字法が多用された

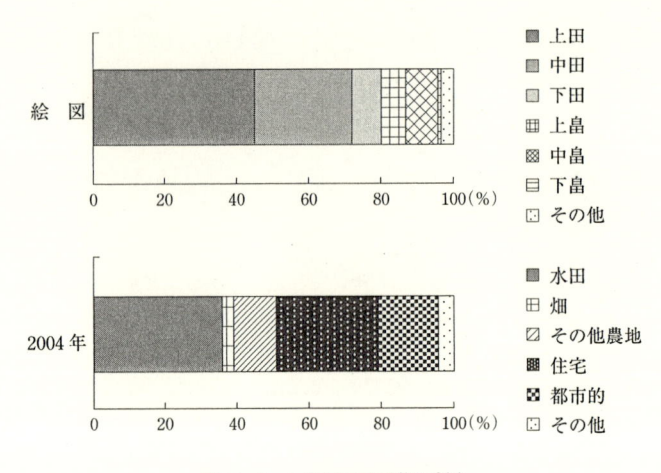

図 11.6　土地利用別面積の割合

が[7]．その場合，一筆農地における縁辺部の微妙な形状を計測することが難しく，その分だけ GIS 計測値が広くなったともいえる．

次に，『観音寺村細密図』の土地利用別面積と 2004（平成 16）年の現地調査に基づく土地利用別面積とを比較したものが，図 11.6 である．上記の方法で求めた一筆農地のポリゴン面積を，ArcMap ファイル上で属性テーブルの「サマリ」機能によって土地利用の種別に合計したものである．面積比でみると，幕末期には農地の約 80% が水田であり，そのうち 5 割以上を等級が高い上田が占め，下田はわずか 1 割程度にすぎなかった．観音寺村（現徳島市国府町観音寺地区）は，その南側には古代に施行された条里型地割が残り，近世期にも高い水田率を示す安定した農業地域であった[8]．

他方，2004 年の土地利用をみると（図 11.4 下図），観音寺地区では住宅などの都市的土地利用が拡大して，水田や畑地の農業的土地利用が縮小している様子がうかがえる．特に旧村域の北東部や西部にはミニ開発された住宅地，北部を東西に横切る国道 192 号線沿いには商業・サービス業といった施設に農地が転用されている．2004 年時点の土地利用別面積をみると，19 世紀中葉に比して農用地はおよそ半分にまで縮小して，水田率は 4 割弱にまで落ち込んだ．

こうした土地利用変化の内実をみるために，「観音寺村細密図」と 2004 年土地利用図における土地利用をオーバーレイ解析によって分析したものが，図 11.7

11.2 古地図を活用した GIS 分析

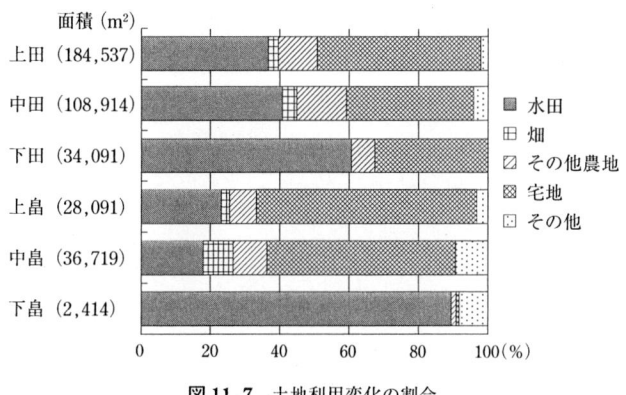

図11.7 土地利用変化の割合

である.対象とした2時期における土地利用を,形状が異なるポリゴンを単位としたままで比較することは制約が大きい.そこで,ベクタデータである双方の土地利用レイヤをラスタデータに変換し,任意の大きさのセルを単位として土地利用が変化したセルの数(面積)を計測することで,土地利用の変化量を把握することが可能となる.

分析の結果,特に上畠・中畠の宅地への転換が多く確認された.幕末期の上畠・中畠の約5〜7割が2004年時点で宅地化されており,農地として残存しているのは約3割にとどまっている.これは,上畠・中畠が自然堤防上の微高地にあり,水害の危険性が低く宅地化が促進されたためとみられる.水田についても同様な結果を示し,上田,中田,下田の順で宅地化率が高かった.観音寺地区はもともと上田の占める割合が高く,そうした優良農地で宅地化が進んでいるといえる.

以上,幕末期に作成された村絵図を用いて GIS 分析の一端を紹介してきた.実測図系の村絵図であっても,幾何補正に際しては多少の歪みやズレが生じるが,そのような誤差は,歴史地理学研究に多用されてきた明治期の地籍図についても避けられない.それゆえ,GIS 分析に際しては,補正時における歪みやズレの発生を十分に理解し検証したうえで研究に活用する必要があろう.その上で,解析能力の高い GIS を援用して時空間的な分析視点を与えることができれば,古地図を用いた地域分析や景観分析に際して,より効果的な手法で分析結果を提示することも可能となる.

11.3 古地図を活用した歴史的景観の分析法

11.3.1 絵図情報の読み込み

図 11.8（上図）は，1813（文化 10）年に作成された『(阿波国) 勝浦郡樫原村分間絵図　控』（以下『樫原村絵図』と略記，徳島県上勝町蔵）で，樫原村（現上勝町樫原地区）は四国山地東部の地すべり地に立地し，1999（平成 11）年には農水省の棚田百選に選定されている．本図についても，前述した観音寺村絵図と同様に，四隅に経緯度を設定した 2,500 分の 1 上勝町全図をベースマップとして，GIS ソフトのジオリファレンス機能により幾何補正（アフィン変換）した．ただし，山間部であるため，CP 設定のための同定地点に乏しく，絵図および上勝町全図，空中写真の各画像データの間には微妙にズレを生じることになる．このような場合には，精度の高い GPS などで現地測定し，位置合わせを補正することも必要となろう．

なお，同絵図の奥書には「外周　一里一八町一二間」と記されている．これは村界の総延長距離で，現在の 7,439.25 m にあたる．GIS 上で絵図画像データの村界総延長を計測すると 7,694.02 m となり，その誤差は 254.77 m（誤差率 3.42%）であった．実測分間絵図の測量精度や，折り目のついた絵図の写真撮影時に生じた歪み，限られた数の CP 設定といった作業プロセスを考えると，許容範囲の誤差ともいえる．

『樫原村絵図』は，徳島藩が文化・文政期（1804〜1830 年）に行った測量事業の下に作成された実測分間絵図である．「廻り検地」と呼ばれる測量法で作成された実測村絵図（縮尺約 1,800 分の 1）をもとに，郡図（約 18,000 分の 1）や国図（約 45,000 分の 1）が編集された[9]．実測図ではあるが地図投影は使われておらず，経緯度情報もない．

村絵図の凡例には，縮尺（分間）のほかに，「朱筋　道」「薄墨　地面畠」「薄黄　田」とあるが，この他に図中では山地が萌葱色，河川が薄藍色で着色され，家屋を示す家型記号（29 か所），山神を祀った祠の位置（6 か所），地蔵堂と観音堂が各 1 か所図示されている．

図 11.8（下図）は，GIS ソフト上で幾何補正した樫原村絵図の画像データに，絵図に描かれた家屋や山神，堂宇といったランドマークをポイントデータ，道をラインデータ，村界をポリゴンデータとして表示し，さらに現地調査で確認でき

11.3 古地図を活用した歴史的景観の分析法　　179

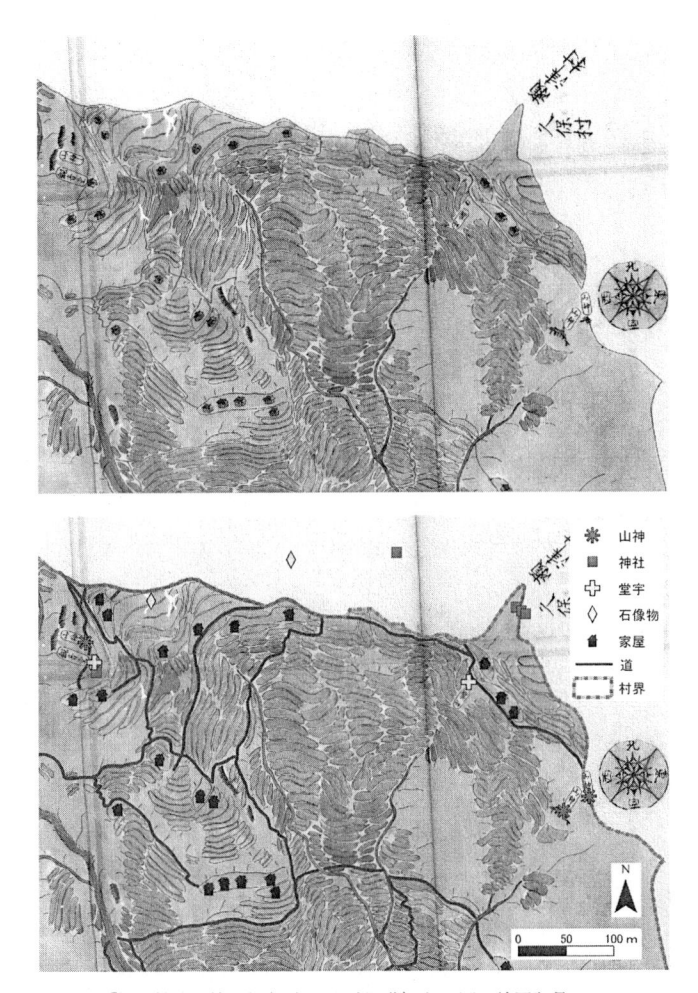

図 11.8　上図:『樫原村分間絵図』(一部, 上勝町蔵) と下図:絵図記号のフィーチャデータ

た神社小祠・石像物をポイントデータで示したものである.

　図 11.9 では, さらにこの絵図画像データの上に, 1976 (昭和 51) 年および 2000 (平成 12) 年撮影のオルソ空中写真画像を重ね合わせている. 絵図に描かれた山神・観音堂は, 現在でも現地で確認することができる. 他方, 過疎化が進む樫原地区では, 特に 1976 年以降に集落の縁辺部から林地化 (杉の植林) や棚田の放棄が進行してきている. 1813 年に 29 戸を数えた旧樫原村の戸数は, 現在

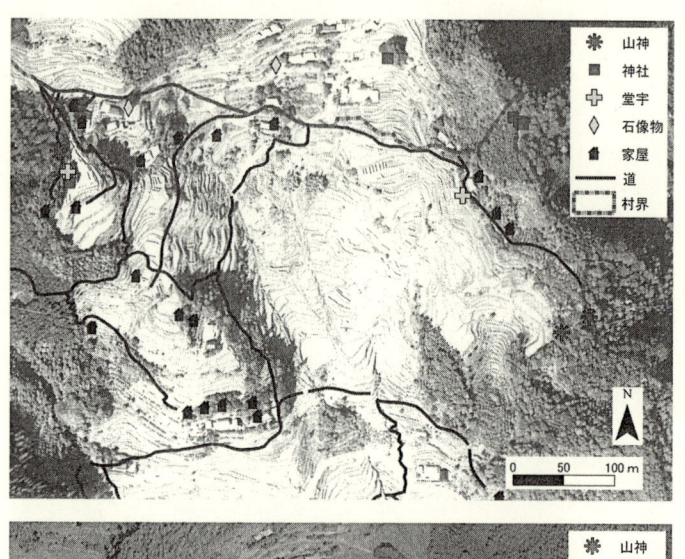

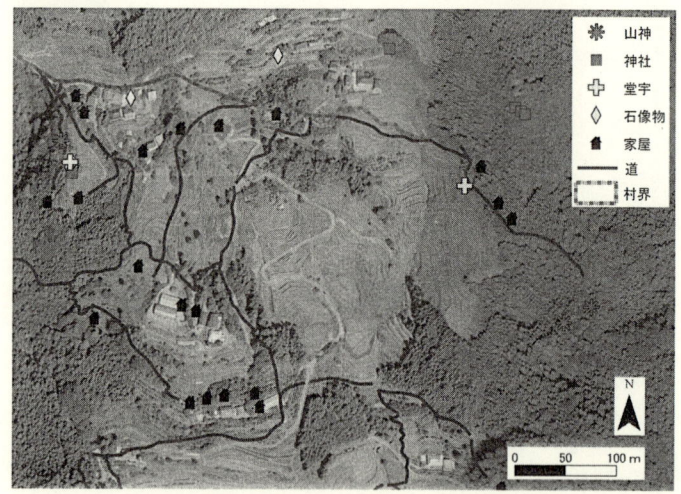

図11.9 絵図記号フィーチャと空中写真の重ね合わせ
上図：1976年（国土地理院撮影），下図：2000年（徳島県農林水産部農地整備課提供）．

ではわずかに10戸程度を数えるに過ぎず，転出家や廃絶家の位置確認に際しては，絵図に図示されたランドマーク（家屋記号）を今日の空中写真や地図画像データに反映することで，現地調査に役立てることができる．

ちなみに図11.10は，樫原村が属する『勝浦郡図』（実測分間村絵図の編集図

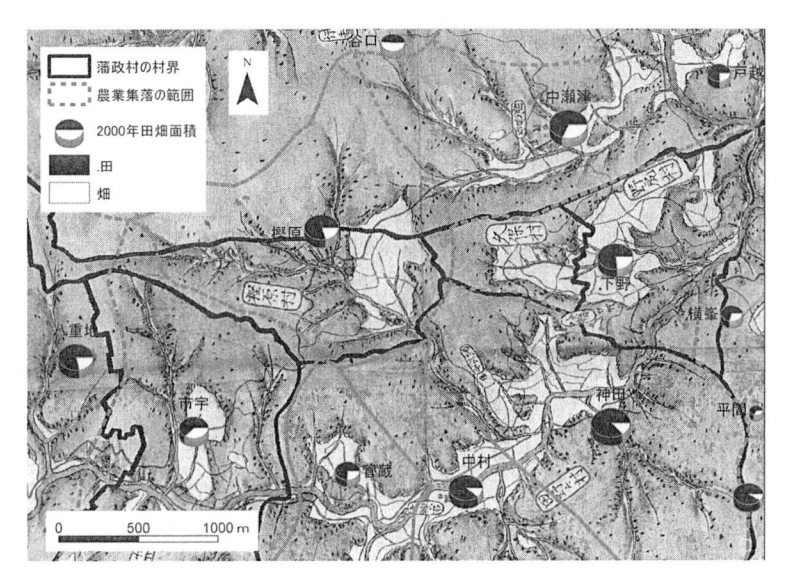

11.3 古地図を活用した歴史的景観の分析法

図 11.10 江戸時代の藩政村界と農業集落の境界（樫原村周辺）（『勝浦郡図』（一部，1813年），徳島大学附属図書館蔵）
図中の円グラフは農業集落別田畑面積とその割合（農業集落カード）．

で1813年作成）で，「数値地図25000」（地図画像）をベースに幾何補正した郡図画像データに，農業センサス農業集落地図データから農業集落の範囲を示すポリゴンを重ね合わせたものである．戸数規模や村域規模の大きな藩政村（近世の最小行政単位）は，農業センサスの最小統計区となる農業集落の設定に際しては，いくつかの農業集落に分割されているケースもあり，当然ながら，江戸時代における藩政村の領域と農業集落の範囲とはそのまま合致するわけでない．また，農業集落＝藩政村のケースでも，農業集落の範囲を示すポリゴンは地籍データに基づいて設定されたものではないために，勝浦郡図に示された藩政村の村界をそのまま反映したものではないことは留意しておくべきであろう．

11.3.2 絵図画像データの3次元表示

図11.11は，幾何補正した『樫原村絵図』に標高データ（DEM：digital elevation map）を与えて，絵図画像データを3D表示したものである．使用したDEMは，中山間地域直接支払い制度の下で，支払い対象となる斜度20°以上の

傾斜地に位置する農地を特定するために10m間隔で作成された標高データである[10]．今回は，この10mメッシュDEMデータをArcMapに読み込み，エクステンション機能の3D Analystを用いてTIN（triangulated irregular network：不規則三角形網）データを作成した．TINとは，DEMのポイントデータ間を補間する三角形網のことである．対象とする古地図のスケールによっては，市販されている数値地図50mメッシュ（標高）や同250mメッシュ（標高）を用いて3D化することもできる．

3D画像データの作成にあたっては，ArcGISからArcSceneを起動し，3D表示したい幾何補正済みの古地図画像データ（この場合には樫原村絵図画像データ）や空中写真画像データを読み込む．その後で，各画像データのプロパティを開いて「ベース（標高）」タブで「レイヤからサーフェスを取得」を選択し，フォルダに格納されているTINデータを指定すると，3D画像が表示されることになる．その際，「Z単位変換」を3倍にすれば，水平距離に対して垂直距離を3倍に表示してくれる．図11.11の樫原村は急傾斜地に位置するため，水平距離と垂直距離は等倍（1倍）に設定している．

なお図11.11では，絵図に記載されている「道」もラインデータとして

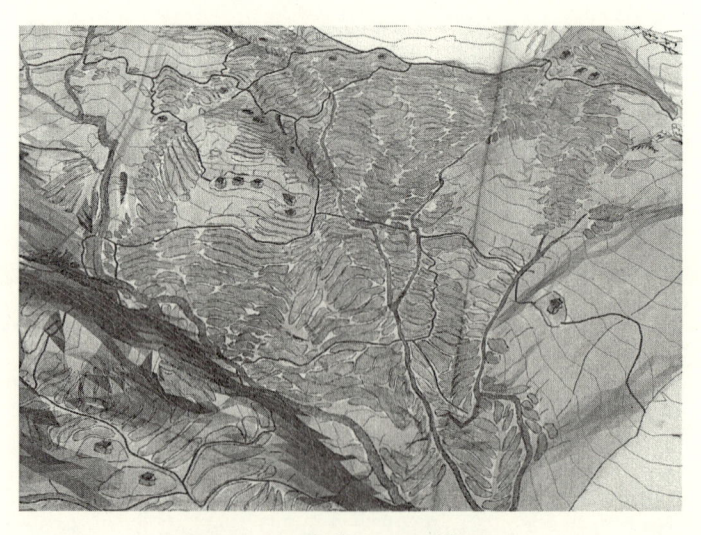

図11.11　樫原村絵図の3D画像データ
東側より西側を俯瞰．絵図画像に等高線と道のデータを追加．

ArcSceneに読み込み，同様な手法で3D表示した．さらにDEMデータから生成した等高線を表示し，陰影を付けている．このような各種データの重ね合わせは紙地図ベースでは不可能であり，急傾斜の地辷り地に位置する樫原地区のかつての棚田景観を，3Dという臨場感をもたせた画像データとして復原することができる．また，先の観音寺村絵図と同様にポリゴンデータを設定すれば，樫原地区の棚田についても一筆ごとの面積を計算することができる．一般に棚田地域の場合，地籍図上では数筆の棚田を合わせて地番が付されているケースが少なくない．その場合，地籍図や土地台帳から一筆ごとの棚田の面積を算出することは難しいが，GIS計測を用いればそうした問題もおおむね解決されることになる．

なお，樫原地区では現在，国土地籍調査を実施中であるが，すでに国土地籍調査が終了している地区・市町村については，地元の了解が得られれば，国土地籍データをもとに，一筆ごとの土地区画について空間データを入手することも可能となる．ただし，そうした空間データの中にはArcGISで処理できるShapeファイル形式とは異なる形式で作成されているデータも多く，そうした場合には使用ソフトに適ったデータ変換が必要となる．

11.4 今後の課題

以上のように，扱える古地図は限られるものの，多様な解析手法を用いた分析を可能にするという点で，GISは古地図研究においても有効な分析ツールである．また，歴史地理学的命題でもある景観変遷の分析に際しても有効な手段といえる．

しかしながら，古地図のGIS分析を進めるうえでの課題も多い．その1つに，古地図分析のためのGIS環境が十分に整っていない点が指摘できる．古地図のGIS分析に際しては，図中の文字判読が可能な古地図の高精細（大容量）画像データが必要となるが，所蔵機関・所蔵者との著作権問題や経費を伴う高精細画像データの整備が課題となる[11]．近年パソコンのスペックは向上しているものの，高精細画像データを扱うには処理速度が速くメモリを多く積んだPC環境も求められる．

もう1つの課題は，古地図のGIS分析に必要な空間データの整備が遅れていることである．すなわち，現在の行政界や河川・道路，標高データ（DEM）と

いった空間データについては数値地図などが市販されており，各種統計データも入手できるが，歴史情報については入手可能なデータが限られている．

特に，現在の行政区画とは異なるかつての国郡村界をはじめ，旧道・旧河道・土地区画・土地利用など，歴史地理学あるいは古地図解析に必要な基礎的な空間データはあまり整備されておらず，分析に際しては研究者が個々にポイント・ライン・ポリゴンデータを最初から作成しなければならない．今後，古地図を用いたGIS分析が普及するためには，古地図や歴史地理学分野におけるこれまでの研究成果をも活用しつつ，こうした基礎的な空間データを整備するとともに，誰もがそうした情報を共有できる仕組みを作ることが必要となろう．

GISはどのようなスケールにも対応でき，古地図に記載されたランドマーク情報を他の地図や空中写真といった媒体を取り入れて分析することもできる．そうした点で汎用性も高く，古地図研究においても今後，GISのいっそうの活用が望まれる．　　　　　　　　　　　　　　　　　　　　　　[平井松午・田中耕市]

引用文献

1) 清水英範ほか（1999）：古地図の幾何補正に関する研究．土木学会論文集，**625**(Ⅳ-44)：89-98．
2) 清水英範・布施孝志（2003）：国土の原景観を探る．測量，**53**(10)：13-20．
3) 平井松午ほか（2005）：国絵図のデジタル化．国絵図の世界（国絵図研究会編），pp.348-349，柏書房．
4) 田中耕市・平井松午（2006）：GISを援用した近世村絵図解析法の検討．徳島地理学会論文集，**12**：41-54．
5) 塚本章宏・磯田　弦（2007）：「寛永後萬治前洛中絵図」の局所的歪みに関する考察．GIS―理論と応用，**15**(2)：63-73．
6) 羽山久男（2007）：阿波国名東郡観音寺村「検地・知行絵図」の復元的研究．史窓，**37**：29-61，徳島地方史研究会．
7) 松崎利雄（1979）：江戸時代の測量術，pp.132-146，総合科学出版．
8) 平井松午・藤田裕嗣（1995）：吉野川支流の鮎喰川扇状地における土地開発と灌漑システムの成立．人間社会文化研究，**2**：27-60，徳島大学総合科学部．
9) 平井松午（1996）：精緻な阿波実測図を作製した岡崎三蔵．徳島（江戸時代人づくり風土記36，大石慎三郎監修），pp.193-197，農山漁村文化協会．
10) 標高データについては，徳島県農林水産部農地整備課作成のものを使用．
11) 平井松午（2004）：過去を知るためのGIS　第6回―国絵図・城下絵図の高精細画像を活用する．地理，**49**(1)：86-91．

12 教育と GIS

本章では GIS 教育の 2 つの側面を示し，それぞれの事例紹介をする．さらに，GIS 教育を支える活動についても触れる．

GIS 教育には「teaching with GIS（GIS を使った教育）」と「teaching about GIS（GIS についての教育）」の 2 つの側面がある[1]．

「GIS を使った教育」とは，理科や社会などすでにある授業の中で GIS を使い，児童・生徒にとって未知の地域への理解や，空間的な現象の把握を促すことを目指すものである．GIS では，空間情報の検索や視覚化，距離や面積といった空間的数量の計測，空間情報の共有といった処理ができる．GIS を使って授業をすると，例えば市区町村ごとの人口や自家用車所有率といった統計値を地図化（視覚化）し，保存することができる．ある授業で作成し保存した地図は，同じ学校の次年度の児童・生徒や他校の児童・生徒の作成した地図と比較し共有できる．「GIS を使った教育」ということは，GIS の特長を教育で利用した，GIS の応用例の 1 つであるといえよう．

「GIS についての教育」とは，GIS を支える理論や技術，そして応用分野における GIS の利用法を教えるものである．例えば空間解析のアルゴリズムや，空間データのさまざまなモデル，空間情報処理を実行するプログラムの作成，適地選定における GIS の利用法などを教える．空間情報科学の理論を教えたり，学生に空間情報を実際に操作させるといった教育がこれにあたる．先に述べた「GIS を使った教育」で例示したような処理を実現する理論や技術を教育するのが「GIS についての教育」であるといえよう．

GIS 教育の 2 つの側面は，教育への GIS の応用という側面と，GIS 自体の教育という側面を指していることになる．以下（12.1, 12.2 節）では，これらの側面

における教育の事例紹介をする．

12.1 GIS を使った教育の事例

GIS を使った教育は積極的に模索されているものの，それは一部にとどまっているという．これは，GIS 利用のための設備が充分に整備されていないことが一因とされている[2]．GIS 利用に意欲的な教員でなくても GIS を使った授業をするには，単に GIS を利用する授業の方法を提示するだけでなく，設備の整備や維持の方法について検討が必要である．本節では，GIS を使った教育の環境の整備に特に着目し事例を紹介する．

12.1.1 教育分野への GIS の導入のステップ

数々の自治体での GIS 導入経験をもつ Tomlinson[3] は，GIS を導入する際，以下の作業が必要だとしている．

① 各部署における業務目的と，GIS に期待するアウトプットの明確化．

② アウトプットの作成に必要な空間データの主題，種類，精度などの仕様の特定．

③ アウトプット作成に必要なアプリケーションの機能，ハードウェアの性能や構成，ネットワークの速度などの仕様の特定．

④ 教育，サポート体制，システムの寿命，導入・ランニングコスト，導入・運用を阻害するリスクなどの特定．

これらの作業を教育現場への GIS 導入に置き換えて考えてみる．

①のステップでは，教育目標や授業の目的などを明らかにした上で教育現場に GIS を導入したとき，教員や児童・生徒がどんな情報をどのような形で必要かを明らかにする作業である．例えば，「県内の人口の様子を学習する際，市町村ごとの人口に従って市町村上に示された円の大きさが変化している地図をA4用紙に印刷する必要がある」というように，学習する単元や授業目標とともに，GIS を使って得る地図や統計値などの具体的な内容を明らかにしていく．

授業で必要なすべてのアウトプットが具体的になったら，それらの作成に必要なすべての空間データを特定していくのが②のステップである．①の市町村ごとの人口地図の例では，市町村境界を示す地図データと，人口のデータが必要であ

12.1 GISを使った教育の事例

ろう．

③のステップでは，②で明らかになった空間データから①で挙げたアウトプット作成のために利用するGISの機能を明らかにする．①のステップで例示した市町村ごと人口地図作成で必要な機能は，例えば，授業で利用するGISアプリケーションで利用可能な形式に市町村境界のデータを変換する機能や，市町村ごとの人口を保存したデータベースに接続し通信するための機能，地図のデータと人口のデータを統合し人口地図として視覚化する機能などが考えられる．

さらに③のステップでは，これまで特定した機能や空間データを設置する具体的な場所を決定し，必要なハードウェアやネットワークの要件を明らかにする．例えば，空間データは学校外部のデータセンターに置き，学校ではそれらを視覚化する作業だけを行うとする．すると，データセンターには複数の学校からのアクセスに耐えうるデータサーバとネットワーク環境が必要となる．また，センターと学校間をつなぐ通信回線は，空間データのやり取りに耐えうる速度や通信方式を選択することになる．一方で学校側では，授業に参加する児童・生徒の人数と，授業で利用する空間データの容量と処理の重さを考慮したハードウェア環境をそろえ，印刷の環境を整えればよいということになる．

④のステップでは，①〜③で特定されたさまざまな要件を満たすものの導入と維持に必要な事項を特定していく．GISを初めて使う教員が多数いる場合，教員への研修や個別サポートの実施は特に重要である．

以上が，教育分野にGISを導入する際の理想的な手順である．しかし，実際にはGISのためだけに理想的な環境が整備できるとは限らない．導入や維持のコストが高い場合は，現存するものを使ったり，複数学校間で共有したりしてGISを導入することになる．次項以降で報告する事例も，導入コストが高いと予想されるネットワークやハードウェア環境は現存するものを使うことを前提としている．

今回紹介する事例は，国土交通省国土計画局が平成15年度から平成17年度にかけて実施したGIS利用定着化事業のなかで，教育分野を対象とした実証実験「みんなで調べて発表して交流する教育用WebGIS」（以下，本事業）である．教育の現場でGISが日常的に利用されている状況を目標とした際に，それに至る具体的な過程と問題点を明らかにすることを目的として実施された．本事業は国際航業株式会社が請け負い群馬県，および群馬県総合教育センターなどの協力を

得て行われた[4]．

12.1.2 空間データ・GIS アプリケーションの配布方法の選択

学校教育で GIS を利用する形態には，児童・生徒自身が GIS を操作する授業と，児童・生徒自身は GIS を操作しない（例えば教員が GIS を用いて作成した地図を授業で提示する）授業の2つがある[5]．本事業では前者の形態による授業が可能な環境作りを目指した．この場合，GIS を操作する児童・生徒の人数分のコンピュータ環境を整備することになるので，授業を担当する教員の負荷が高くなりやすい．この負荷を減ずるには，GIS アプリケーションと空間データの効率的な配布方法を検討する必要があった．

これらの配布には，個々のコンピュータにインストールする方法や，サーバにインストールされた GIS 機能や空間データにネットワーク経由でアクセスする方法などがある．前者の方法だと，教員は授業に必要な台数のコンピュータに GIS アプリケーションや空間データを逐一インストールしなくてはならない．後者の方法だと，個々のコンピュータからサーバにアクセスするための設定は必要ではあるが，前者と比較して手間は少ない．ただし，サーバとクライアント間は相応の速度で通信できることが要件となる．本事業では，インストールの手間が比較的少なく個々のコンピュータに対する要件があまり厳しくない後者の方法を採用した[6]．WebGIS のサーバを開発を担当した企業内に設置し，このサーバに各学校からアクセスする方法である[7]．

WebGIS には 12.1.4 項で後述する GIS 機能が登録された．より専門的な GIS 機能が必要な場合は，地理情報分析支援システム「MANDARA（マンダラ）」や，3次元地図ナビゲータ「カシミール3D」を個々のコンピュータにインストールし，利用することになった[8]．

12.1.3 空間データの選択

本事業における主要な GIS 利用者である児童・生徒は，それぞれの学習段階に応じて，身近な地域から，県，地方，国，そして世界を対象に学習をしている．さまざまな空間的範囲を取り扱う授業に対応できるよう，身近なランドマークの位置の特定が容易な大縮尺のデータから，町丁目，市区町村，都道府県，国境が示されたデータなどを WebGIS で利用できるようにした[9]．

表 12.1 WebGISの機能（文献[10]を一部改変）

観察マップを作る
ユーザ認証
地図表示共通操作（利用者：教員，児童・生徒）
地図画面の操作
表示する場所の検索
距離や面積の計測
表示している地図の印刷
教材準備室（利用者：教員）
レイヤセットの新規作成および編集
マップ学習室（利用者：教員，児童・生徒）
新規情報の入力
大判印刷室（利用者：教員，児童・生徒）
レイヤセットおよびレイヤの指定
大判印刷の準備
分割して大判印刷
とりまとめ室（利用者：教員）
レイヤの統合
レイヤ図形・属性のエクスポート・インポート
主題図の作成
掲示板管理
統計データのダウンロード・アップロード
アイコンの登録・削除
発表マップを見る（利用者：ユーザ制限なし，保護者などの閲覧を想定）
発表マップの選択
表示レイヤの操作
ユーザ管理（利用者：システム管理者，教員）
ユーザ認証
ユーザ管理

12.1.4 アプリケーションの機能の選択

　本事業で利用したWebGISに登録された機能の概要を表12.1に示した．WebGISに登録された機能は，2つに大別される．1つは教員が主に利用する教材準備室やユーザ管理の機能である．もう1つは授業で児童・生徒が利用する機能で，地図表示や印刷の機能である[10]．

12.1.5 教員への人的な支援体制

　本事業では研修，個別サポート，そして空間データのWebGISでの利用承認を得るための交渉の3つが教育への人的支援として行われた．

教員への研修は，本事業の実質的活動期間であった平成16年度から17年度にかけて実施された．研修内容はWebGISの操作やGISの基礎知識，授業計画の立案や授業用データの作成についてであった[11]．研修の参加人数は各年度とも十数名ずつではあったが，平成16年度には17人だったGIS利用授業参加教員数が，平成17年には43人にまで増加した[12]．

教員に対する個別サポートは，授業準備や授業中などに発生した疑問点やトラブルに対応するものである．実際に寄せられた質問の内容は，WebGISの不具合についてや，授業準備の段階で必要となるユーザ設計やレイヤ設計を問い合わせるものが多かったという[13]．

現場教員への研修と個別サポートは，当初WebGISを開発した企業が主となって実施していた．しかし，本来はユーザが自力でGISを利用していくことが望ましい．そこで，本事業では平成17年度の研修や個別サポートは，群馬県総合教育センターが中心となり実施した[14]．

WebGISには，12.1.3項で前述したとおり，さまざまな空間データが含まれており，その提供元はそれぞれ異なる．空間データの利用条件や利用承認を得るための手続きもデータごとに異なるため，授業を実施する教員が個別に，データ利用のための交渉することは現実的ではない．本事業では教員からの空間データ登録の要望があると，県の教育委員会がデータ提供元である国や，自治体，民間企業などに，空間データの利用承認を取り付ける体制とした[15]．

12.1.6 授業実践と広報

本事業を通じて，合計29テーマの授業が実施された[16]．これらの授業の概要については，実践集という形で冊子にまとめられている[17]．2006年の日本地理学会では「小中高の授業でGISをどう使うか」というタイトルでシンポジウムが開催され，本事業における授業実践が報告されている[18]．具体的な実践内容については，それらを参照されたい．

本事業で整備したWebGISや実施したGIS利用授業は，ぐんま情報化フェアやぐんま教育フェスタといったイベントを通じて教員や一般市民に広く公開された．これらの広報活動によって，これまでGISを知らなかった県民や教員にも，それを知ってもらうことができた[19]．

12.1.7 本事業の評価と課題

本項では，WebGIS を利用した授業での，ネットワークとハードウェア環境，GIS アプリケーション，空間データ，支援体制，授業実践への評価と課題について述べる．

a. ネットワークとハードウェア環境の評価と課題

WebGIS 利用を想定した既存ネットワーク環境への評価として，WebGIS の応答速度の調査が行われた．この調査では，クライアント PC の性能や学校内の LAN 速度は等しく，ネットワーク帯域および実効速度のみが異なる 2 つの学校を対象とした．それぞれの学校に置かれた複数の PC から同じ WebGIS サーバに同時にアクセスしたとき，何台までの PC からのアクセスなら現実的なスピードで応答があるかが確認された．

この調査によると，インターネット回線の実効速度が 0.5 Mbps の学校では 3 台，4.5 Mbps の学校では 6 台までなら，授業を行うにあたり現実的な応答速度が得られるという結果が得られた[20]．通常，複数のコンピュータから同時にアクセスがあることは，偶然には起こりにくい．しかし，1 クラスあたり数十人の児童・生徒がいて，1 人 1 台の PC からこの WebGIS にアクセスするという授業では，調査結果を見る限り，満足な応答速度が得られない可能性がある．何人かのグループごとに WebGIS を操作させるというような授業実施上の工夫が必要である．なお，サーバの処理速度や，学校内 LAN の速度，クライアント PC の性能は，今回の調査では WebGIS の応答速度を低下させる要因ではなかったと推測されている[21]．

b. GIS アプリケーションの評価と課題

WebGIS を使った授業では，その機能やインターフェースについて多くの改善要望が寄せられた．例えば，データ入力の操作が煩雑，地図表示スペースが小さい，複数地点の情報や地図が同時に表示できる機能が欲しいといった内容だった[22]．これらのうちいくつかの機能（例えば入力操作の手順を見直すなど）については改善が図られたが[23]，WebGIS の応答速度に影響する項目（例えば，地図表示画面サイズを大きくする）は，対応が見送られた[24]．

WebGIS のサーバに空間データの加工や登録する作業には，これを開発した企業の技術者による作業が必要である．今後のデータの更新作業について，データ加工や登録作業を GIS 専門技術者に依頼できる体制が必要なことが指摘されて

いる[25]．

c. 空間データの評価と課題

　本事業で用いた空間データのうち，県内全ての市町村に対して整備したのは，1/25,000のベクタデータ，白黒の地図画像データ，標高データから作成した段彩画像の3つのデータであった．このうちベクタデータは調査地点の特定に，白黒の地図画像データは児童・生徒が入力した情報をわかりやすく表示したいとき，例えば調査結果発表時の背景図として，そして，段彩画像は地形の様子を確認する際に利用された．さらに，屋外での調査地点の特定のためには，大縮尺の空間データが必要だった[26]．そこで本事業では，授業が予定されていない市町村についても，可能な限り大縮尺データを整備する方針となった[27]．

d. 人的な支援体制の評価と課題

　本事業では人的支援として，研修や個別サポート，そして空間データの利用承認のための交渉が行われた．

　研修実施後，参加者に対するアンケート調査が行われた．平成16年度に行われた研修後のアンケートでは，研修内容を授業に活用できそうだという声は過半数程度だった（11人，57％）．一方で，追加資料やこれ以降のフォローも必要との声もあったという（5人，26％）．さらにGISを授業で利用するためには，このような研修が不可欠であるという点では，研修参加者全員が賛同している[28]．

　教員に対する個別のサポートに対する意見として，迅速かつ丁寧なサポートやオンサイトサポート，生徒へのサポートの必要であるとの意見があった[29]．教員や児童・生徒に対するサポートは，ともすれば膨大なやり取りになりがちである．これを，GISを提供した企業や教育センターのみの手で支え続けるには限界がある．GISを利用する教員や児童・生徒の情報交換の場を設置し，GIS利用のノウハウを共有，蓄積できる環境を整えておくことは，今後検討に値することだと思われる．

　空間データの利用交渉については，特に県や市町村の空間データ利用のための説明や交渉にはかなりの労力が必要だったという[30]．しかし，都市計画図や航空写真など，自治体がもつデータは大縮尺のものもあり，授業で使いたいという要望が多い．GISを使った教育には，空間データを保持している部門と，教育を担当する部門との連携が今後も不可欠である．

e. 授業実践の評価と課題

　GIS を利用した授業により，児童・生徒に空間的に物事を捉え取り扱う能力が身につき，その結果地域との結びつきが強まるという効果があると報告されている．一方で，学習指導計画の充実，プライバシーや著作権保護に関する教員の理解が必要なことが指摘された[31]．児童・生徒の年齢が低いほど，授業では身近な地域を取り扱う．このような地域を示す大縮尺の空間データには，建物の所有者名といった詳細な情報も含まれることがあり，情報の利用・管理・公開は慎重を期さなければならない．GIS 利用により児童・生徒が地域に興味をもつきっかけを与えると同時に，地域社会に参加する上での基本的なルールも同時に伝えていく必要があろう．

12.1.8　GIS を使った教育のために

　本節では GIS を使った教育をするための環境作りに重点を置いて，群馬県総合教育センターの取り組みを紹介した．GIS を日常的に円滑に利用できる環境を整えるには，12.1.1 項で確認した GIS 導入ステップにある通り，GIS という「物」だけでなく，GIS 利用に関連する「人」についても十分な検討が必要である．

　GIS に関連する「物」とは，空間データ，アプリケーション，ハードウェア，ネットワーク環境である．12.1.7 項での評価（WebGIS の機能，インターフェースについての改善や，大縮尺の空間データ整備の要望があったこと）からわかることは，ただ漫然と GIS に関わる「物」を提供するのではなく，授業のさまざまな場面を具体的に想定しつつ，「物」の整備をすべきである，ということである．これは，12.1.1 項で挙げた①～③のステップを忠実に実行することにあたる．

　授業中のさまざまな場面とは，例えば，児童や生徒が GIS にデータを入力する場面，自分や他の児童・生徒が入力した情報を参照する場面，GIS を使って自らの調査結果を発表する場面などである．このような場面のなかで，児童や生徒が学習済みの漢字が使われているか，1 つの操作にかかる行程数が多すぎないかというように，児童・生徒の学習・発達の段階と，GIS による情報の入力・参照・公開の場面とを具体的に想定し，それらにふさわしい機能やインターフェース，空間データが提供されているかを，丁寧に確認していく必要がある．

GISに関連する「人」とは，GISを直接使う教員や児童・生徒だけでなく，コンピュータ室を管理する教員，空間データを提供する市町村の担当部署，教育委員会，さらにGISに関連する「物」を維持する技術者などが含まれる．GISアプリケーションのインストールや授業でのコンピュータ室の利用には，部屋を管理する教員の協力が不可欠であるし，データの提供を受けるには市町村の担当部署の協力が不可欠である．教育委員会や教育センターでは，GIS研修や個別のサポート，GIS利用や授業内容・方法についての情報交換の場の提供といった形での，教員への支援が必要である．GIS機能の改善や空間データの新規登録，ハードウェアやネットワーク環境の改善には，それぞれ専門の技術者の協力が必要となろう．

一般的にGISの導入という言葉からは，GISという「物」の導入だけを連想しがちである．しかし，教育分野でのGIS利用には，複数の人や組織が関係する．これらの関係が混沌としたままでは，GISという「物」を導入しても円滑な運用は難しい．GISに関連する「人」の関係も明確に整理しておくことが特に重要である．本節で紹介した事例では，群馬県総合教育センターがGISに関わる人的支援を積極的に行った．これによりセンターを中心とした教員のつながりが形成され，GISを利用した教育が普及していった．本事業が「GISを使った教育」ことの先導的事例として，他の地域でも生かされることが期待される．

12.2 GISについての教育

GISについての教育では，GISを支える基礎学問である空間情報科学の理論や，コンピュータを用いた空間情報の処理方法，特定分野へのGISの応用方法などを講義や実習により教える．GISについての教育で教えるべき項目には，GISの日本語訳が「地理情報システム」であることからもわかるとおり，地理的な事項と情報システム的な事項を基本として，さらにGISの応用分野での利用という事項が含まれる．いわば分野横断的な内容を教育することになる．GISについての教育の対象者は，空間情報を取り扱うすべての分野に存在する．当然のことながら，これら対象者のもつ既得の知識や技術はそれぞれ異なる．

教員は教育の対象者がすでに知っている事項の違いに対応しつつ，分野横断的な知識と技術を講義と実習を適宜選択しながら教えていくことになる．このよう

な特徴をもったGISについての教育を効果的に行うには，従来からある対面一斉授業に限らず，授業方法を検討していく必要がある．

本節では，大学でのGISについての教育に筆者が作成したオンライン学習教材「てくてくGIS e-Learning」（以下本教材）を導入した事例を紹介する．筆者は本教材のコンテンツとして「はじめてのArcGIS」と「基礎からのArcGIS」の2つのコンテンツを作成した．各コンテンツは，受講の仕組み（12.2.1項で後述）は同じだが，教授内容（12.2.2項で後述）が異なる．

12.2.1 受講の仕組み

本教材は，ホームページを閲覧する環境さえあれば利用できることを目指し作成した．Linux OS上でウェブサーバとしてApacheを稼動させ，12.2.2項で後述するコンテンツやテスト用CGIを設置した．さらに，学習者ごとにユーザIDを発行し，本教材のコンテンツやCGIにアクセスをすると，ユーザIDとともにその閲覧履歴が保存されるように設定した．これらの履歴を整理することで，教員は学習者の学習状況を把握できる．

12.2.2 教授内容

本教材では，本章冒頭で述べたGISについての授業を実施するうえでの2つの特徴，すなわち既得の知識が異なる学習者たちと幅広い教授内容に対応する負荷を軽減することを目標とした．既得の知識が異なる学習者に対応するために，特定の分野では常識と思われる内容であっても，丁寧に説明するよう心がけた．幅広い教授内容に対応するため，多くの教員にとって授業実施の負荷が高い部分を考慮し，コンテンツを決定した．これが，最初に作成した「はじめてのArcGIS」で，GISソフトウェア：ArcGISの操作方法を中心に説明している．その次に作成した「基礎からのArcGIS」では，GIS教育で教えるべき項目を整理したGISカリキュラム項目（12.3.2項で後述）を参考に作成した．2つのコンテンツを表12.2，12.3に示した．

12.2.3 授業実践

「はじめてのArcGIS」を使った授業を，下記の要領で実施した．
- 授業期間：半期

表 12.2 「はじめての ArcGIS」の内容

章	内容
1	GIS とは？
2	地図の基本的な表示方法
3	地図の表示方法
4	マップとは？
5	テーブルの操作
6	地図投影法の取り扱い
7	フィーチャ間の関係の解析

表 12.3 「基礎からの ArcGIS」の内容

章	内容
1	イントロダクション（基本用語の説明）
2	実世界から GIS へ
3	位置情報の空間参照
4	空間データの取得
5	空間データの分析
6	空間データの視覚化
7	ラスタデータを用いた解析
8	地形の解析
9	ネットワーク解析

- 対象学生：修士，博士課程 1 年の大学院生
- 受講人数：36 人

授業初回のガイダンスでは，この授業がオンライン学習教材を利用した授業であること，学習者の閲覧履歴を教員が確認していること，課題の提出期限や方法といった，授業の進行方法に関する説明をした．その後，学生が各人のペースで教材に取り組み，全員が課題を提出した．

この授業の最後に実施した受講後アンケートの結果，学生の理解度の自己評価は高く（36 人中 32 人が「よく理解できた」「理解できた」と回答），自由記述による回答からは，自分のペースで学習できることがこの授業の魅力であることがうかがわれた．説明文については，丁寧だという回答もあったが，その反面どの点が重要なのかわかりにくいという指摘があった．

「基礎からの ArcGIS」を利用した授業は，下記の要領で実施した．

- 授業期間：半期
- 対象学生：修士，博士課程 1 年の大学院生
- 受講人数：17 人

対象とした学生は，「はじめての ArcGIS」による授業を受講した学生たちの次年度の学生であり，受講者の層や既得の知識などはほぼ同じと推測される．教授内容は，「基礎からの ArcGIS」の方が概念的な内容を含んでいたが，学習者の理解度の自己評価は同程度であった．さらに，後者のコンテンツの受講後アンケートにおける自由記述では，より深い内容をじっくりと学びたいという意見が数多く見られた．

12.2.4 本教材導入により改善された点と問題点

　従来の対面一斉授業による GIS 実習と比較し本教材を利用することで改善された点として，学習者のペースを尊重した実習を実施できた点があげられる．また，教員は学習者の閲覧履歴を確認することにより，対面授業では詳細に把握しきれない学習の進捗を確認することができた．さらに，この閲覧履歴の整理結果から，コンテンツを改善すべき点を見出すことができた．「基礎からの ArcGIS」では教授内容を見直したことによって，「はじめての ArcGIS」利用時には聞かれなかった「もっと深い内容を知りたい」という，意欲的な声を聞くことができた．

　一方で，教授内容には改善の余地がある．まず今回の教材では，授業で取り扱うには準備などに手間がかかる部分を想定したり，検討中の地理情報科学カリキュラムを参考にしたりして，その教授内容を決定した．しかし，各教授内容をどこまで深く，そして，どのように教えるのが適切なのかは，まだ試行錯誤の段階にある．アンケートでは，学習者から「どの点が重要なのかがわからない」といった声があがる結果となった．

　さらに，GIS アプリケーションを用いた実習をする場合，そのアプリケーション独自の概念や操作における基本的なルールや用語を教員は説明する必要がある．例えば，本教材で説明した ESRI 社の ArcGIS Desktop という製品では，空間データを地図表示インターフェースに追加する際，Windows では一般的なファイルオープンの操作である「ファイル→開く」ではなく，「ファイル→データの追加」を選択しなければならない．このような点は，実習の最初に説明することになるが，これに対応するカリキュラム項目は当然ながら存在しない．アプリケーション独特の概念やルールを，授業のどのタイミングでどこまで教えるべきか今後も検討が必要である．

　筆者はこれまでの GIS を教える授業や講習会で，受講者の所属する分野などによって教授内容をある程度取捨選択していた．しかし，「基礎からの ArcGIS」では，あまりそれを想定せずにカリキュラム項目に従うことにした．その結果，もっと幅広い内容を深く学びたいという意思をもった学習者が多くいることがよくわかった．教員が教授内容を選択する際には，学習者の既存の知識や技術を推測して，それに合わせた授業をすることは必要かもしれないが，教授項目を選択する場合には細心の注意をすべきである．「この分野の人にはこの内容は必要ない」といった教員の思い込みで，学習の機会を奪うべきではないと自戒を込めて

主張したい．GIS のすべてを1人の教員だけで教えることは困難かもしれない．しかし，今回作成したような教材を教員や大学間で共有したり，他大学から教員を招いたりというようにしてこれを補う方法もある．GIS についての教育に関わる教員同士が連携し，その教育を充実させていくことが今後は必要であろう．

12.3 GIS についての教育を支える活動や研究

GIS についての教育では，GIS で利用される基本的な用語の整理や，何を教えるべきかといったカリキュラムの策定といった，授業実践以外の活動も行われている．ここでは，GIS の用語とカリキュラムの策定活動を紹介する．

12.3.1 用語策定

GIS の授業で，ある1つの概念や現象を異なる用語で表現してしまうと，学生の混乱を招く可能性がある．GIS で使われる基本的な用語を整理することは，GIS を教えるうえで重要である．地理情報システム学会には学会設立当時，用語・教育分科会が設置された．その活動目標は「多様な起源・動機によって形成されてきた地理情報処理と称する分野に共通する土俵を提供するための基本概念の整理とその用語集としての整備，ならびにこの分野に参画する技術者・研究者の育成のための教育カリキュラムの策定」だった[32]．この分科会では GIS の基本的な用語を整理した『地理情報科学用語辞典』を出版している[33]．

12.3.2 地理情報科学のコアカリキュラム

アメリカ地理情報分析センター（National Center for Geographic Information & Analysis：NCGIA）により，NCGIA コアカリキュラムの第1版が1989年に作成された．さらにこのコアカリキュラムは旧文部省重点領域研究「近代化と地理情報システム」の「時空間分析手法としての地理情報システム」研究班によって，日本語に翻訳された[34]．

日本でも2000年に入り，地理情報システム学会，ならびに東京大学空間情報科学研究センターが中心となり，地理情報科学カリキュラムの作成に関するプロジェクトが立ち上がった．このプロジェクトでは，まず海外で出版されているGIS の教科書を参考に，そのなかで述べられている概念や技術の項目をピック

アップし，整理した[35]．これをもとに，地理情報システム学会 GIS 教育カリキュラム検討ワーキンググループのメンバーによって，地理情報科学カリキュラムの第1案が示された[36]．2007年現在，より幅広い分野の教員によって，カリキュラムがさらに検討されている．

　本章では，GIS 教育のもつ2つの側面を示し，それらの国内事例を紹介した．GIS の教育は，教育機関のみならず，民間企業，NPO によっても行われている[37〜39]．GIS 教育の実践例は増えてはいるが，教育の具体的方法の報告や問題点を指摘した論文は意外にも少ない．教育を実施した個人にのみ，そのノウハウが蓄積されていくだけでは，比較的新しい分野である GIS において，理想的な教育が行われるには長い時間がかかろう．個々の教育実践の存在を明らかにし，それらの内容やノウハウを共有・議論する場が，まずは必要である．

　GIS 教育の結果，この分野そのものが盛り上がることは，もちろん期待される．しかし，GIS 教育の効果はそれだけではない．GIS を使った教育，あるいは GIS についての教育を受けた人材を社会に送り出すことは，空間的に物事を捉え対処することができる人材が社会に増えていくことにつながる．かれらにより，適切な形で空間情報が取得され公開されることで，教育を受けたかれらだけでなく社会の構成員一人一人が，これまでより深く社会や環境を理解することにつながっていくのである．

[高橋昭子]

引用文献

1) Sui, D. Z. (1995)：A pedagogic framework to link GIS to the intellectual core of geography. *Journal of Geography*, **94**：578-591．
2) 秋本弘章(2003)：中等地理教育における GIS の意義．GIS—理論と応用，**11**(1)：109-115．
3) Tomlinson, R. (2003)：*Thinking about GIS*, pp. 13-17, ESRI Press.
4) 筆者は GIS 利用定着化事業調査検討委員会の委員だった．なお，本事業についての報告は「GIS と市民参加」（GIS 利用定着化事業事務局編，古今書院，2007）として刊行されている．
5) 秋本弘章（2005)：「地理的見方・考え方」の育成における GIS の援用．我が国の初等・中等教育における地理情報システムの活用に関する研究．平成13〜16年度日本学術振興会科学研究費補助金基盤研究（B）(1) 課題番号 13480015 研究成果報告書，pp. 43-49．
6) 国土交通省国土計画局(2006)：4-1　GIS 利用環境に関わる評価と課題．みんなで調べて発表して交流する教育 WebGIS による GIS 利用の定着に関する調査報告書，pp. 45．

7) 6) 同掲の報告書：5-2 群馬県における今後の展開と課題，pp. 82.
実際の WebGIS の URL は以下の通り．「みんなで調べて発表して交流する教育用 WebGIS」．
http://edugis.kkc.co.jp/
8) 6) 同掲の報告書：8-4 GIS 利用授業の概要，pp. 116-120.
9) 6) 同掲の報告書：4-1 GIS 利用環境に関わる評価と課題，pp. 48.
10) 6) 同掲の報告書：6-1 GIS の準備，pp. 85.
11) 6) 同掲の報告書：第 7 章 参加教員への GIS 研修，pp. 105-109.
12) 6) 同掲の報告書：8-3 参加校と参加教員の状況，pp. 112.
13) 6) 同掲の報告書：4-2 参加教員への GIS 研修及び個別サポートと評価，pp. 56.
14) 6) 同掲の報告書：4-2 参加教員への GIS 研修及び個別サポートと評価，pp. 58.
15) 6) 同掲の報告書：6-2 WebGIS 用空間データの整備，pp. 99-100.
16) 前掲 8)．
17) 教育用 WebGIS 実証調査事務局（2006）：地図を使った授業への電子地図ソフト（GIS）活用例の紹介．
18) 日本地理学会発表要旨集，**69**：42-57（2006）にて，シンポジウムおよび本事業の背景などとともに 14 人の教員が実践した授業について報告されている．
19) 6) 同掲の報告書：第 9 章 GIS 利用授業の他の教員等への伝達，pp. 121-142.
20) 6) 同掲の報告書：6-1 GIS の準備，pp. 90-91.
21) 前掲 19)．
22) 国土交通省国土計画局(2006)：資-4 GIS 利用授業を実践した先生に対するアンケートの集計結果—WebGIS の機能や操作性に関する今後の希望．「みんなで調べて発表して交流する教育 WebGIS」による GIS 利用の定着に関する調査 資料編，pp. 186.
23) 6) 同掲の報告書：6-1 GIS の準備，pp. 92.
24) 6) 同掲の報告書：4-1 GIS の利用環境に関わる評価と課題，pp. 46.
25) 6) 同掲の報告書：4-1 GIS の利用環境に関わる評価と課題，pp. 51.
26) 6) 同掲の報告書：4-1 GIS の利用環境に関わる評価と課題，pp. 49.
27) 6) 同掲の報告書：6-2 WebGIS 用空間データの整備，pp. 98.
28) 6) 同掲の報告書：4-2 参加教員への GIS 研修及び個別サポートと評価，pp. 53.
29) 21) 同掲の資料：資-4 GIS 利用授業を実践した先生に対するアンケートの集計結果「3. 集計結果（授業準備について）」，pp. 180.
30) 6) 同掲の報告書：4-1 GIS の利用環境に関わる評価と課題，pp. 50.
31) 6) 同掲の報告書：4-3 GIS を利用した学習の実践と評価—GIS を利用した学習の評価と課題，pp. 70-72.
32) 四茂野英彦(1993)：地理情報システム関連用語分類．GIS—理論と応用，**2**：59-64.
33) 地理情報システム学会用語・教育分科会編(2000)：地理情報科学用語集 第 2 版，地理情報システム学会．
34) 碓井照子（1993）：GIS カリキュラム．GIS—理論と応用，**2**：55-58.
35) 河端瑞貴ほか（2003）：米国の代表的 GIS カリキュラムと英語 GIS テキストの調査．GIS—理論と応用，**12**：81-89.
36) 岡部篤行ほか（2004）：GIS コアカリキュラムの開発研究—カリキュラム原案の作成—，東京大学空間情報科学研究センター．
37) MapInfo(株)：トレーニングサービス．http://japan.mapinfo.com/location/traning/service/

38) ESRI ジャパン(株)：講習会. http://www.esrij.com/training/index.shtml
39) 青木賢人 (2004)：NPO 法人を通じた自然地理情報教育― NPO 法人「地域自然情報ネットワーク」の実践例―. 東京大学空間情報科学研究センターディスカッションペーパー, **62**：25-34. http://www.csis.u-tokyo.ac.jp/dp/dp62/DP_05.pdf

(掲載した URL は，2007 年 6 月現在で確認したものである)

索　引

欧　文

active use　76
ADS　152
ArcheOS　152
CIDOC　152
DEM　27, 181
DGPS　8
DIG　90
Dublin Core Metadata　152
DUI　134
focused test　129
GIS　18
　──のエンタテインメント性　22
GIS アーキテクチャ　159
GIS 革命　2
GIS 学会　198
GIS 教育　185
GIS 利用定着化事業　187
GIS 力　7
GISc　18
GLOBALBASE　160
GLOBE　10
Google Earth　3, 26
GPS　7, 119
GRASS　152
Historical GIS　156
HuMap　160
HuTime　160
JIS X 0806　152
JPGIS　152
KIWI フォーマット　46
LISA　113
MANDARA　152
Microsoft Virtual Earth　3, 27

passive use　76
PGIS　69
PPGIS　69
predictive modeling　146, 151
QuantumGIS　152
RMS 残差　172
Second Life　33
Spatial Analyst　53
TimeMap　159
VICS　43, 44, 48
WebGIS　10, 19, 84, 88, 188
WPS　8

ア　行

アドレスジオコーディング　108
アフィン変換　171
「新たな公」の役割　72
意思決定支援　135
遺跡 GIS 研究会　140
遺跡地図　147
遺跡分布　150
位置算出　37
位置特定　42
移動コスト距離　145
医療資源配分　135
印刷革命　2
インターネット　19
疫学指標　120, 121, 123, 125
疫学的分析　102
絵図　29, 161
江戸時代における人口分析システム　165
エンタテインメント　19

「公」の役割　71
オーバーレイ解析　176
オープンソースソフトウェア　152
オルソ空中写真　172
オンデマンドバス　5
オンライン学習教材　195

カ　行

改正統計法　14
階層的空間ポアソン回帰分析　131, 132
科学的根拠に基づく犯罪予防　115
学際化　158
火災　165
カシミール 3 D　51
画像データ　12
加速度センサ　38
カーナビゲーション　35
カーネル　53
カーネル関数　123
カーネル密度推定法　121, 123
カルトグラム　126
感度　128

幾何補正　171
飢饉　165
教育　185
教育 GIS　16
行政区画　168
京都名所案内記　163
共有化　158
共用空間データ　75
局所的な空間的自己相関指標（LISA）　113

索　引

距離逓減関数　131
近接性　132

空間疫学　117
空間回帰モデル　132
空間行動　163
空間スキャン統計量　129
空間的条件付き自己回帰モデル（CAR）　132
空間の補間　124
クライムマッピング　98
クリギング　124

景観復原　161
経験的ベイズ推定　127
計量革命　140
経路探索　39
研究情報の基盤整備　168

考古学　138
公衆衛生　117
高精細（大容量）画像データ　183
国際標準　35
国際歴史地理学会　155
国土数値情報　12
国土地籍調査　183
コスト移動分析　146
古地図　29, 171
コミュニケーション　67
コミュニケーションツール　73
コラボレーション　158
コントロールポイント（CP）　172

サ 行

災害　82, 164
災害予測地図　86
サービス情報参照　42
参加型 GIS　5
3次元（3D）　26, 181

ジオリファレンス機能　172
シカゴ学派　97
時空間行動　62
自車位置　36
地震被害早期評価システム（EES）　94
地震防災情報システム（DIS）　93
実測分間絵図　178
疾病地図　122
市民参加型 GIS　67
ジャイロ　38
車速パルス　38
宗門改帳　166
受療動向　133
準天頂衛星　8
ショウ（C. R. Show）　98
状況的犯罪予防　102
少数問題　121
情報革命　2
人口現象　165

スポーツ　49

戦術的犯罪分析　114
戦略的犯罪分析　114

タ 行

『大日本地名辞書』　167
ターンバイターン　41

地域危険度図　89
地域構造　161
地域社会　1
地域集積性　129
地域像　157
地域リスク要因　131
地縁型コミュニティ活動　71
知識ベース　158
地誌書　162
地図太郎　51
地図配信　3
地図描画　36
地中レーダ　143
眺望　145
直線距離　58
地理空間情報活用推進基本法　14
地理情報科学カリキュラム　198
地理的犯罪分析　100, 110

デジタル地図（マップ）　2, 11, 19
デジタル標高モデル（DEM）　27
デジタル歴史地名辞書　167
テーブル結合　52
電子の地球儀　3

統計データ　13
統合化　158
統合型 GIS　75
道路距離　58
特異点　128
土地利用　176
ドットマップ　122

ナ 行

ナビゲーション　35

新潟県中越地震　94
新潟県中越地震復旧・復興 GIS プロジェクト　94
日常活動理論　103
認知件数　106

ネットワーク距離　57

農業集落地図データ　181
ノースリッジ地震　91

ハ 行

ハイウェイモード　36
ハイキング関数　146
ハザードマップ　82, 86
「場所と犯罪」研究　103
走りやすさマップ　40
犯罪　97
　　——の暗数　108
　　——の転移　103
　　——の「ホットスポット」　101
犯罪研究　97
犯罪データ　104
犯罪発生マップ　111
犯罪予防　102, 115
阪神・淡路大震災　91

フィールド演算　175
フォーカスド検定　129
不規則三角形網（TIN）　182
物理探査　143
不動産文化財　147
文化財　138
文化財保護法　138
分散の時代　6

ベイズ-クリギング法　125
ベイズ平滑化地図　126
ヘッディングアップ　36

ポアソン回帰分析　131, 132
ポアソン確率地図　126
防災　82
防災情報システム　91
保健医療　117
保健医療情報配信　136
ポリゴンデータ　174
ボロノイ分割　54

マ 行

町並み景観　138
マッケイ（H. D. McKay）　98
マッピングサービス　4
マップマッチング　39
マルチハザード　84, 86, 92

ミクロ（非集計）データ　15
密度変換　123
見取絵図　171
民衆像　157

メンタルマップ　1

モバイルGIS　9

ヤ 行

誘導　40
ユークリッド距離　57

吉田東伍　167
予測モデル　146
ヨーロッパ社会科学的歴史学会　155

ラ 行

リアルワールド　3
利益の伝播　103
リスクコミュニケーション　84, 119
リモートセンシング（RS）　119

冷害　165
歴史空間　137
歴史系諸科学　155
歴史像　157
歴史地理学　155, 168
暦象オーサリングツール　160

編者略歴

村山祐司
1953年　茨城県に生まれる
1983年　筑波大学大学院地球科学
　　　　研究科博士課程中退
現　在　筑波大学大学院生命環境
　　　　科学研究科教授
　　　　理学博士

柴崎亮介
1958年　福岡県に生まれる
1982年　東京大学大学院工学研究科
　　　　修士課程修了
現　在　東京大学空間情報科学研究
　　　　センター・センター長,教授
　　　　工学博士

シリーズGIS 3
生活・文化のためのGIS　　　　　　　定価はカバーに表示

2009年2月15日　初版第1刷
2013年2月25日　　　第3刷

編　者　村　山　祐　司
　　　　柴　崎　亮　介
発行者　朝　倉　邦　造
発行所　株式会社　朝　倉　書　店
　　　　東京都新宿区新小川町6-29
　　　　郵便番号　162-8707
　　　　電話　03(3260)0141
　　　　FAX　03(3260)0180
　　　　http://www.asakura.co.jp

〈検印省略〉

© 2009〈無断複写・転載を禁ず〉　　　　　中央印刷・渡辺製本

ISBN 978-4-254-16833-4　C 3325　　　Printed in Japan

JCOPY　〈(社)出版者著作権管理機構　委託出版物〉

本書の無断複写は著作権法上での例外を除き禁じられています．複写される場合は，そのつど事前に，(社)出版者著作権管理機構（電話 03-3513-6969, FAX 03-3513-6979, e-mail: info@jcopy.or.jp）の許諾を得てください．

好評の事典・辞典・ハンドブック

火山の事典（第2版） 　　　　　　下鶴大輔ほか 編
　　　　　　　　　　　　　　　　　　B5判 592頁

津波の事典 　　　　　　　　　　　首藤伸夫ほか 編
　　　　　　　　　　　　　　　　　　A5判 368頁

気象ハンドブック（第3版） 　　　　新田 尚ほか 編
　　　　　　　　　　　　　　　　　　B5判 1032頁

恐竜イラスト百科事典 　　　　　　小畠郁生 監訳
　　　　　　　　　　　　　　　　　　A4判 260頁

古生物学事典（第2版） 　　　　　　日本古生物学会 編
　　　　　　　　　　　　　　　　　　B5判 584頁

地理情報技術ハンドブック 　　　　高阪宏行 著
　　　　　　　　　　　　　　　　　　A5判 512頁

地理情報科学事典 　　　　　　　　地理情報システム学会 編
　　　　　　　　　　　　　　　　　　A5判 548頁

微生物の事典 　　　　　　　　　　渡邉 信ほか 編
　　　　　　　　　　　　　　　　　　B5判 752頁

植物の百科事典 　　　　　　　　　石井龍一ほか 編
　　　　　　　　　　　　　　　　　　B5判 560頁

生物の事典 　　　　　　　　　　　石原勝敏ほか 編
　　　　　　　　　　　　　　　　　　B5判 560頁

環境緑化の事典 　　　　　　　　　日本緑化工学会 編
　　　　　　　　　　　　　　　　　　B5判 496頁

環境化学の事典 　　　　　　　　　指宿堯嗣ほか 編
　　　　　　　　　　　　　　　　　　A5判 468頁

野生動物保護の事典 　　　　　　　野生生物保護学会 編
　　　　　　　　　　　　　　　　　　B5判 792頁

昆虫学大事典 　　　　　　　　　　三橋 淳 編
　　　　　　　　　　　　　　　　　　B5判 1220頁

植物栄養・肥料の事典 　　植物栄養・肥料の事典編集委員会 編
　　　　　　　　　　　　　　　　　　A5判 720頁

農芸化学の事典 　　　　　　　　　鈴木昭憲ほか 編
　　　　　　　　　　　　　　　　　　B5判 904頁

木の大百科［解説編］・［写真編］ 　平井信二 著
　　　　　　　　　　　　　　　　　　B5判 1208頁

果実の事典 　　　　　　　　　　　杉浦 明ほか 編
　　　　　　　　　　　　　　　　　　A5判 636頁

きのこハンドブック 　　　　　　　衣川堅二郎ほか 編
　　　　　　　　　　　　　　　　　　A5判 472頁

森林の百科 　　　　　　　　　　　鈴木和夫ほか 編
　　　　　　　　　　　　　　　　　　A5判 756頁

水産大百科事典 　　　　　　　　　水産総合研究センター 編
　　　　　　　　　　　　　　　　　　B5判 808頁

価格・概要等は小社ホームページをご覧ください.